安全技术经典译丛

Linux 服务器安全攻防

[美] Chris Binnie 著

田洪 译

清华大学出版社

北 京

Chris Binnie
Linux Server Security: Hack and Defend
EISBN：978-1-119-27765-1

北京市版权局著作权合同登记号 图字：01-2016-7774

图书在版编目(CIP)数据

Linux 服务器安全攻防/(美) 克里斯·宾尼(Chris Binnie) 著；田洪 译. —北京：清华大学出版社，2017（2024.8 重印）
(安全技术经典译丛)
书名原文：Linux Server Security: Hack and Defend
ISBN 978-7-302-45792-3

Ⅰ. ①L… Ⅱ. ①克… ②田… Ⅲ. ①Linux 操作系统－安全技术 Ⅳ. ①TP316.85

中国版本图书馆 CIP 数据核字(2017)第 288060 号

责任编辑：王　军　韩宏志
装帧设计：牛静敏
责任校对：曹　阳
责任印制：杨　艳

出版发行：清华大学出版社
网　　址：https://www.tup.com.cn, https://www.wqxuetang.com
地　　址：北京清华大学学研大厦 A 座　　邮　　编：100084
社 总 机：010-83470000　　邮　　购：010-62786544
投稿与读者服务：010-62776969，c-service@tup.tsinghua.edu.cn
质 量 反 馈：010-62772015，zhiliang@tup.tsinghua.edu.cn
印 装 者：三河市龙大印装有限公司
经　　销：全国新华书店
开　　本：148mm×210mm　　印　　张：5.5　　字　　数：148 千字
版　　次：2017 年 1 月第 1 版　　印　　次：2024 年 8 月第 7 次印刷
定　　价：59.80 元

产品编号：072275-02

译　者　序

Linux 是一套免费使用和自由传播的类 Unix 操作系统，是一个基于 POSIX 和 Unix 的多用户、多任务、支持多线程和多 CPU 的操作系统。它能运行主要的 Unix 工具软件、应用程序和网络协议。它支持 32 位和 64 位硬件。Linux 继承了 Unix 以网络为核心的设计思想，是一个性能稳定的多用户网络操作系统。

Linux 操作系统诞生于 1991 年 10 月 5 日(这是第一次正式向外公布的时间)。Linux 存在着许多不同的 Linux 版本，但它们都使用了 Linux 内核。Linux 可安装在各种计算机硬件设备中，比如手机、平板电脑、路由器、视频游戏控制台、台式计算机、大型机和超级计算机。

Linux 与其他操作系统一样，也存在安全隐患。而随着它在全世界范围内的普及使用，目前针对它的攻击越来越多，安全事件也呈上升趋势，形势非常严峻。要想在技术日益发展、纷繁复杂的网络环境中，保证 Linux 系统的安全性，需要切实做好事前预防以及事后恢复工作。

本书共分为 10 章，从不同侧面介绍了 Linux 系统安全攻防的相关内容。读者可按任何顺序阅读本书所包含的所有章节，并且这些章节汇聚了多年来作者作为一名 Internet 用户所感兴趣的一些安全主题。

本书图文并茂，技术新，实用性强，以大量的实例对相关内容做了详细解释，是 Linux 系统管理员不可缺少的实用参考书籍。

参与本书翻译的人有田洪、范园芳、胡训强、纪红、晏峰、余佳隽。最终由田洪负责统稿，在此一并表示感谢。此外，还要感谢我的家人，她们总是无怨无悔地支持我的一切工作，我为有这样的家庭而感到幸福。

译者在翻译过程中，尽量保持原书的特色，并对书中出现的术语和难词难句进行了仔细推敲和研究。但毕竟有少量技术是译者在自己的研究领域中不曾遇到过的，所以疏漏和争议之处在所难免，望广大读者提出宝贵意见。

最后，希望广大读者能多花些时间细细品味这本凝聚作者和译者大量心血的书籍，为将来的职业生涯奠定良好基础。

译者

作 者 简 介

Chirs Binnie 是一名技术顾问，使用 Linux 系统进行在线工作近二十年。在他的职业生涯中，在云端以及银行和政府部门部署过许多服务器。他曾在 2005 年构建了一个自治系统网络，并通过自己构建的媒体流平台为 77 个国家提供高清视频，同时多年来还为 *Linux Magazine* 以及 *ADMIN Magazine* 撰写技术文章。工作之余，Chirs 喜欢户外运动，观看 Liverpool FC，并连连称赞 Ockham 刮胡刀的优点。

技术编辑简介

Rob Shimonski(www.shimonski.com)是一位有经验的企业家和商业社区的积极参与者。Rob 是一名畅销书作者和编辑，有超过 20 年的经验，以书籍、报刊、杂志等形式开发、生产和分发印刷媒体。如今，Rob 已经成功帮助出版了超过 100 本目前流行的图书。Rob 曾为无数客户提供过服务，包括 Wiley Publishing、Pearson Education、CompTIA、*Entrepreneur magazine*、Microsoft、

McGraw-Hill Education、Cisco 以及 National Security Agency。此外，Rob 还是一位专家级的架构师，在协议捕捉和分析以及 Windows 和 Unix 系统的工程方面拥有丰富的技术经验。

序　言

众所周知，如果想要以一种有效方式保护系统和网络的安全，则需要与时俱进，不断更新自己的知识。然而，并不是所有技术专业人员都想成为一名全面的安全专业人员；相反，他们更愿意专注其他方面，尽管他们所担负的角色要求掌握与安全相关的知识。

似乎每隔一天都会有新闻报道发生了骇人听闻的黑客攻击，从而使相关领域的人员庆幸自己的客户端未成为攻击的目标。随着我们对响应式连接以及精心编写的软件依赖程度的不断提高，成功地保护一个在线服务会得到很好的回报。

撰写本书旨在对系统和网络所面临的威胁进行概述。本书并不会重点介绍在线安全的某一具体方面，而是旨在通过介绍多个不同的领域，使读者具备足够的知识，以便可以更详细地学习自己感兴趣的内容。本书的每一章探讨了我作为一名 Internet 用户所感兴趣的安全方面。

本书之所以介绍多种不同的主题，其目的是希望帮助读者确保自己的在线服务安全，同时提供机会让读者体验一下黑客常用的一些工具。这样做会让每个读者都受益，特别是可以帮助技术专业人员更好地理解黑客如何识别并尝试利用系统或网络的漏洞。可运用本书所介绍的相关知识摧毁在线服务、窃取数据以及显示加密密码，甚至可以完成其他更强大的功能。

前　言

请思考一下，即使是高度公开的网络攻击，实施起来可能也是非常简单的。对一个系统或者网络发动攻击所包括的步骤可能会非常复杂，也可能会出奇简单。这取决于一个系统是否因为使用了一些众所周知的漏洞软件而使其处于不安全的状态。

一名缺乏经验的黑客的常用攻击手段可能只是永无休止地对端口进行自动化扫描，然后打开一个连接并及时关闭，或者不断搜索 Banner 信息，从而弄清楚在端口后面监听的服务的版本号。如果发现的任何版本号与漏洞数据库中所列出的版本号相匹配，那么黑客就确定了一个新的攻击目标。从这一点上讲，由于该攻击方法几乎完全是自动完成的，因此你可能会认为这无非是计算机攻击计算机而已。

相反，经验丰富的黑客会使用各种不同的方法获取或破坏对某一系统或者网络的访问。他们不仅经验丰富且才智过人，狡猾难防，而且富有创新性、耐心。他们通常充分利用社会工程学，构建自己的硬件并完成各种攻击手法。在攻击过程中，黑客们根据防御者的情况调整手法，此外攻击还会不断演变(有时甚至是快速演变)。大多数攻击所产生的影响取决于是否进行了精心准备；在最开始的侦测过程中，有相当数量的攻击途径会被侦测到。

确保在线服务的安全有点类似于缘木求鱼，虽然我很不愿意这么说，但事实是，不管对一个服务或者系统如何进行安全保护，总会有一种方法违反或者破坏这种保护。因此可以大胆地做这样一种声明，请记住，即使一个系统或者网络当前不易遭受攻击，但在未来某一时刻也极可能会遭到攻击。

这也就意味着，除非破坏服务器或者网络设备的电源，否则打开任何电子设备都意味着打开了一条黑客可以利用的攻击途径。事实是，技术专业人员长期面临着这种情况。因此，在确定网络安全所采用的方法时，需要在黑客可在多大程度上利用在线系统和网络的漏洞，以及用来保护系统和网络安全所花费的预算之间进行权衡。此外，还可以尝试降低单个服务器的风险，例如，将电子邮件服务器与 Web 服务器分开。如果一个计算机集群被黑客攻破，那么理想状态下其他集群则不应该受到影响(前提是这些计算机集群在后台使用了不同的防火墙并且都拥有一个替代的操作系统)。

但也不要过于恐慌，值得庆幸的是，目前经验极其丰富的攻击者实际上并不是很多(对于这些黑客高手，任何防御措施或多或少都会失败，有时甚至只需要数分钟时间就可能攻破)。然而，随着 Internet 的逐步发展，熟练的攻击者可以利用其他被攻破的系统和服务的功能进行攻击，从而对那些不知情的受害者产生令其头痛的问题。

此外，攻击者发动攻击的动机也在发生变化，有时甚至是不可预测的。这些动机可能包括从黑客社区获取相关的荣誉，想证明自己比受害者高出一筹，为崇拜自己的新手进行一次训练演习，或者只是想获取经济利益。另外，根据最常见的统计，也不要忘记那些单纯寻求刺激的人。

如果你的服务容易引起某些类型的不必要的注意，比如 Web 应用程序持续被某些用来查找安全漏洞的探头所探测，那么常识告诉我们，你主要关注的是让开发人员修补应用程序的安全漏洞。相反，如果正在提供一个 E-Mail 服务，就需要绝对确保用来在集群中所有邮件服务器之间读取邮件信息的软件保持最新，并进行经常和及时的修补。只要注意到了最明显的漏洞，就可以大大减少可能暴露给中等水平攻击者的攻击面，同时也能减少他们获取一个立足点进而攻击其他系统的概率。一旦确保了主要的攻击途径基本是安全的，就可以集中精力解决那些不怎么明显的安全漏洞。

以下几个简单问题有助于将注意力集中在系统或者网络安全上。第一个问题是你正在尝试保护什么内容？例如，隐藏在数据库深处的敏感、机密信息，访问这些数据通常需要通过多个防火墙以及堡垒主机(bastion hosts)，或者正在保护一个需要全天候为用户提供服务的在线服务。该问题非常重要，因为它直接影响到加强防御的手段以及防御策略的选择。例如，你可能愿意每月为网络流量清洗服务(network-traffic-cleaning service)支付高昂的费用，从而免受拒绝服务(Denial-of-Service)攻击，而不会愿意购买多个价格昂贵且高端的硬件防火墙来进行保护。

第二个问题是如何遏制一个安全漏洞？如果网络上的一台服务器或者设备被攻破了，那么是否自动意味着其他主机也将遭遇相同的厄运？如果是，则无疑表明你的安全策略存在需要解决的严重问题。

第三个问题是如何从安全漏洞中恢复？你可能关心的是一旦攻击者发现了冗余信息的工作原理会发生什么事情，以及在什么阶段故障转移服务(failover service)会被激活。如果在完全不知道攻击者是如何攻破安全措施的情况下，只是简单地重新构建主服务器或者盲目地恢复服务，那将是非常困难的。此时你是否可以使用替代供应商的设备或者软件快速恢复服务呢？如果可以，则可以大大减少相同的攻击再次攻陷系统的可能性，并且可以在弄清楚攻击者入侵的方式之后恢复一部分(甚至全部)服务。

本书的组织结构

可按任何顺序阅读本书包含的所有章节，并且这些章节汇聚了多年来作者作为一名 Internet 用户所感兴趣的一些安全主题。

这些主题包括过去、现在以及未来攻击的相关理论，对不同在线攻击的防御，以及授权读者自己进行恶意攻击的方法(其目的是帮助读者学习如何防御此类攻击)。

通过将不同主题分解到不同章节中，便于读者进行参考，同时可以在未来的学习中返回到这些章节，更详细地学习有关内容。各章的内容如下所示：

第 1 章：隐身斗篷。如果攻击者无法看到你的服务器，并且没有意识到它们的存在，就不会有任何的攻击途径会被利用。该章主要讨论和介绍如何在产品中持续使用服务而又不会引起攻击者不怀好意的关注。

第 2 章：对文件应用数字指纹。可使用多种方法来保证服务器文件系统的完整性，从而确保攻击者无法进行访问。在该章，主要介绍一种手动方法以及一个用来检查黑客程序的自动化工具。

第 3 章：21 世纪的 netcat。多年后，netcat 的最新版本已成为众多黑客所选用的工具(这得益于它所提供的众多高级功能)。在该章，将学习如何识别黑客是否使用此工具攻击服务器，以及学习如何利用这些业界领先的功能。

第 4 章：拒绝服务。只有世界上一些最大型的 Internet 基础设施提供商可以经受得起成熟的、高容量的分布式拒绝服务(Distributed Denial of Service，DDoS)攻击所带来的影响。在该章，将详细讨论该主题，并且会就一个国家因为此类攻击而三个星期失去 Internet 连接这一事件展开评论。

第 5 章：Nping。对于黑客攻击来说，知道某一主机正在运行哪些服务只是成功了一半。功能强大的 Nmap 安全工具的扩展功能允许对任何主机进行检查，并生成带有独特有效载荷的自定义数据包。

第 6 章：日志探测。虽然某些针对服务器执行的探测可能并没有太大的危害，但了解这些探测的工作原理无疑会更有利于进一步保护服务器的安全。在该章，将介绍攻击者探测服务器漏洞点所涉及的相关内容。

第 7 章：Nmap 功能强大的 NSE。许多用户都用过 Nmap 来完成简单的端口扫描，但很少有人知道该安全工具还包括了攻击远程计算机的功能。在该章，仅讨论默认情况下 Nmap 所附带的众多脚本中可以完成的部分攻击行为。

第 8 章：恶意软件检测。多年来一直困扰 Windows 系统的完全无声的威胁主要来自于以非法形式安装的软件。恶意软件给系统带来的危害是多方面的，从经常弹出令人讨厌的弹出式窗口，到成熟的在线银行攻击。在该章，将学习如何在 Linux 系统上配置一个复杂、频繁更新的反恶意软件解决方案。

第 9 章：使用 Hashcat 进行密码破解。技术专业人员曾经被警告说有一款密码破解工具几乎可以保证破解哈希密码。这意味着一旦非法获取了对哈希密码的访问，那么黑客看到密码内容就只是时间问题。该章将一步一步地完成该过程。

第 10 章：SQL 注入攻击。在一次著名的调查中，SQL 注入攻击被列为最流行的在线攻击。虽然该攻击类型的出现可追溯到 20 世纪 90 年代末，但如今还是有大量的此类攻击通过简单的编程实践成功攻破了企业网站以及关键的在线服务。该章首先讲述了一些有用的历史信息，然后逐步指导如何识别和攻击脆弱的在线服务。

本书读者对象

本书主要面向中等水平的管理人员、软件黑客以及其他 IT 专业技术人员。然而，本书的编写方式可以帮助那些好奇的读者根据自己感兴趣的安全问题快速找到适合的对应章节，同时不需要深入了解 Linux 命令行。本书旨在帮助某些读者更深入地研究特定章节的相关主题，从而进一步扩展有关该主题的知识，同时了解一下其他方面的主题，以便日后参考使用。

另一方面，虽然每章都使用了命令行(对于初学者来说还是需要花费一些时间来学习的)，但对于读者的经验水平却没有太高的要求。

小结

希望通过本书的学习，你可以了解黑客所使用的工具以及思维方式，从而站在最新安全技术发展的制高点，这样就可以避免以下事情的发生：不再控制自己的系统或网络，而是由其他人来控制。

目　　录

第1章

隐身斗篷

想象一下，将你的服务器从 Internet 上隐藏起来，但仍可以通过 ISP 所提供的优越宽带进行访问。这样，不需要任何更改，就可以安全地将该服务器作为文件存储器来使用，当然也可以另有他用。

此外，你可能还希望授权对命令行的完全访问，以便可以启动和终止(甚至安装)任何需要使用的服务。具体如何选择取决于只是简单地运行这些服务然后再关闭，还是持续运行这些服务一段时间并对外可见。

在实现过程中可能需要使用一种被称为端口碰撞(port knocking)的技术。通过对外部世界关闭所有网络端口，可以伪装自己的服务器，从而使其真正不可见。通过使用预先设定的“敲门”，可以随意地为 SSH 服务器或者一些其他服务选择开放单个端口。在本章，将学习如何创建一台不可见的服务器，以及在创建过程中需要考虑的一些选项。

1.1 背景知识

通过在 Internet 上隐藏一台服务器的存在，可以秘密地运行一台计算机，即使是攻击者知道了服务器的存在，通过限制端口开放(甚至可见)的时间，也可以减少攻击者可以瞄准的攻击面。

1.1.1 探测端口

在开始之前，先让我们近距离了解一下服务器上的网络端口，以便在头脑中形成一个参照框架。如果你曾用过 Nmap 之类的安全工具，那么可能会非常熟悉下面的混乱情形：某些端口看似被关闭了，但实际上并没有关闭。Nmap 区分某一端口是关闭还是开放的方法是判断非开放端口后面是否有一个正在进行监听的服务(守护程序)。

Nmap 将关闭的端口定义为虽然后面没有进行监听的守护程序，但看似开放(或者至少潜在可用)的端口。如果 Nmap 使用了过滤的端口，则意味着某些类型的防火墙正在阻止对某 IP 地址的访问(可能怀疑该 IP 地址正在扫描系统)。这通常是通过 TCP RST 包完成的。此外，Nmap 还会报告其他三种状态：unfiltered、open|filtered 以及 closed|filtered。如果想要更多地了解这些状态有什么不同，可以访问 https://nmap.org/book/man-port-scanning-basics.html。

1.1.2 使端口扫描器产生混乱

目前你已经知道了端口如何向端口扫描器呈现自己，那么接下来让我们学习一下如何对返回的响应进行混淆处理，以便使先进的端口扫描技术产生混乱。其中最常用的工具当属基于 Kernel 的防火墙 Netfilter(通常被称为 iptables)，这都得益于其强大的功能集。

现在介绍该工具的工作原理。针对 TCP 数据包，我们希望通过使用 iptables 生成一个 REJECT 请求，从而巧妙地处理对端口探测的响应。而对于其他协议，则只是简单地丢弃(DROP)数据包即可。这样就从 Nmap 获取了一个关闭且未过滤的响应。根据我从网上收集来的大多数意见，一个关闭的端口是可以期望的最好响应(但这种说法也是有争议的，也是多变的)。这是因为你并没有公开承认使用一个防火墙阻塞任何端口，但也不会简单地开放端口，因为在后面运行了一个守护程序。

接下来的解释更详细一点。在一般情况下，不可到达的端口通常生成一个 ICMP Port Unreachable 响应。然而，有时可能并不想生成这些错误，因为这意味着一个服务器正在该端口上监听，从而也就暴露了该服务器的存在。此时，可以生成调整后的 REJECT 响应，并用以下方式应用：-reject-with tcp-reset。这样有助于进行相应的响应，就像该端口未被使用并且关闭，同时也没有进行过滤。

可将下面的代码片段附加到每个 iptables 规则的末尾：

```
-j REJECT—reject-with tcp-reset
```

通过使用该技术，可以确保不会泄漏任何与系统相关的不必要信息。

请注意，在后面介绍的端口碰撞示例中，并不会使用该 iptables 选项。这是因为不会在你的 SSH 服务器上运行其他额外的服务。然而，上面介绍的背景知识将有助于理解攻击者可能如何接近计算机的端口，以及如何对其他服务应用-rejct-with tcp-reset 选项。

具体是使用 iptables DROP 还是使用 REJECT 响应，还存在一些争议。如果你感兴趣，可以访问 www.chiark.greenend.org.uk/~peterb/network/drop-vs-reject，查看一些关于该问题的一些独特见解。

1.2　安装 knockd

现在，你已经掌握了一些有用的背景知识。接下来介绍如何在服务器上安装一个端口碰撞工具。在介绍的过程中，有时可能需要考虑哪些服务应该以隐藏于 Internet 的方式运行。例如，当需要在一个不太常见的端口上运行一个 Web 服务器或电子邮件服务器时。

1.2.1　软件包

接下来，安装可以为系统提供端口碰撞功能的 knockd 软件包。

根据系统的不同，该软件包的安装方法也有所不同。

在 Debian 衍生产品中，以如下方式安装该软件包：

```
# apt-get install knockd
```

而在 Red Hat 衍生产品中，则按照以下方式安装：

```
# yum install knockd
```

主配置文件控制了 knockd 所需的大部分配置。在 Debian Jessie 服务器上，该文件位于/etc/knockd.conf 中。代码清单 1.1 显示了我的主配置文件，从中可以了解一下 knockd 的工作方式。

代码清单 1.1　主配置文件。端口序列以及-I INPUT 都进行了修改(相对于默认值)

```
[options]
        UseSyslog
[openSSH]
        sequence    = 6,1450,8156,22045,23501,24691
        seq_timeout = 5
        command     = /sbin/iptables -I INPUT -s %IP% -p
        tcp-dport 22 -j
  ACCEPT
        tcpflags      = syn

[closeSSH]
        sequence    = 3011,6145,7298
        seq_timeout = 5
        command     = /sbin/iptables -D INPUT -s %IP% -p
        tcp-dport 22 -j
ACCEPT
        tcpflags      = syn
```

1.2.2　更改默认设置

在代码清单 1.1 的顶部，可以看到用来设置相关选项的部分，而其他两个部分设置了在 knockd 开放 SSH 访问以及关闭端口访问时所想要执行的操作。此外，这两个部分还包括了默认的端口碰撞序列，以便按照 sequence 选项触发这些操作。安装完 knockd 之后，我立即更改了这些默认的端口值,从而避免对服务器安全产生影响。开放 SSH 访问的默认序列为端口 7000、8000 和 9000，而关闭访问的默认序列为端口 9000、8000 和 7000。如你所见，在本例中，我添加了一些额外的端口来开放 SSH 访问,这样就可以减少其他人通过任意端口扫描而偶然发现以上端口组合的可能性。

更改完相关设置后，可在基于 systemd 的操作系统上使用下面的命令重启 knockd:

```
# systemctl restart knockd.service
```

安装完 knockd 后，如果想要了解更多关于该软件的背景知识，可以参考 Debian Jessie 所提供的简要 README 文件(可以访问/usr/share/doc/knockd/README 找到该文件)。

该 README 文件讨论了 knockd 的工作方式以及其他的相关内容。knockd 使用了一个名为 libpcap 的库，而该库也被其他多个软件包所使用，比如 tcpdump、ngrep 和 iftop(一款用来捕获数据包并进行检查的软件包)。得益于更高明的设计，knockd 甚至不需要为了监视原始流量(raw traffic)而与端口相绑定(它会秘密地进行监听)。

1.2.3 更改文件系统位置

诸如连接、断开连接或者错误之类的事件都被直接记录到系统的 syslog 文件中，此外，还可以将这些事件记录到/var/log/messages 或/var/log/syslog 文件中。如果你不希望将这些重要信息淹没在其他系统日志信息中，或者想要避免解析那些难处理的日志文件，那么可以创建自定义日志文件。我个人比较喜欢采用自定义的方法，以便更清晰地进行调试。通常每天我会使用一款自动化工具或者自定义的 Shell 脚本将相关日志以电子邮件的形式发送给自己，以便可以对可疑的事件进行监视。因为所有的 knockd 记录都放在一个地方，所以可以更加容易地使用脚本或者其他工具对信息进行解析：

```
[options]
      LogFile = /var/log/portknocking.log
```

更改日志文件的位置是一种常用的解决方法，但也可以更改启动 knockd 服务时 Process ID 文件写入的位置。可在配置文件的[options]部分更改相关位置，如下所示：

```
[options]
      PidFile = /var/tmp/run/file
```

1.3 一些配置选项

到目前为止，我们已经很好地理解了主配置文件的结构，接下来看一下如何对其进行配置来满足特定的需要。在完成一些任务时，需要考虑某些选项的超时在创建服务器的过程中所起到的重要作用。

1.3.1 启动服务

如果你看到了一条错误消息告知 knockd 被禁用了，请不要恐慌。这只是一种预防措施，其目的是避免在完成对主配置文件的设置之前 knockd 不会向 iptables 引入一些不受欢迎的更改。

在 Debian Jessie 上，该错误消息会要求我们在/etc/default/knockd 文件中将下面的参数更改为 1：

```
START_KNOCKD=1
```

毫无疑问，只有在仔细检查完配置或者确保带外访问(out-of-band access)按照预期那样工作之后才可以完成上述更改操作。

1.3.2 更改默认的网络接口

一旦配置了首选的端口序列，接下来可能还需要调整其他参数。在配置文件(/etc/default/knockd)中，可以更改KNOCKD_OPTS设置。该文件中的配置示例都被注释掉了，这意味着可更改knockd所监听的网络接口，如下所示：

```
KNOCKD_OPTS="-i eth1"
```

这些选项将被应用到knockd服务，为让所做的更改生效，需要重启服务，如下所示(在systemd计算机上)：

```
# systemctl restart knockd
```

1.3.3 数据包类型和时序

在/etc/knockd.conf文件中，可以通过更改一些设置，对客户端连接到服务器的方式进行微调。返回到代码清单1.1，我们将在[openSSH]部分添加更多选项：

```
[openSSH]
        tcpflags = syn
        seq_timeout = 10
        cmd_timeout = 15
```

其中，tcpflags选项意味着可以为所发送的TCP数据包(即knockd所接收到的数据包)指定特定的类型。在上例中，TCP数据包的类型为"syn"。可用的TCP标记包括fin、syn、rst、psh、ack以及urg。如果没有接收到指定类型的TCP数据包，knockd将忽略这些数据包。请注意，这并不是knockd常用的工作方式。通常情况下，不正确的数据包将会停止整个碰撞序列的工作，这也就意味着客户端必须再次启动以便进行连接。可以通过使用逗号分隔多种TCP数据包类型。此外，knockd的最新版本(当前的最新版本为0.5)还可以使用惊叹号来否定数据包类型，比如!ack。

再看一下本例中的其他选项。你可能已经注意到，默认情况下，seq_timeout 已经出现在代码清单 1.1 中。然而，由于我们已经在序列设置中增加了端口的数量，因此将 seq_timeout 值上调至 10，而不是 5。该调整是很有必要的，因为在一次缓慢的连接过程中(比如通过智能手机进行连接)可能会发生超时的情况。

示例中的最后一个选项是 cmd_timeout。该选项主要应用于 knockd 成功接收到一个碰撞后所发生的事件中。事件序列如下所示。首先，一旦端口碰撞被确认为有效，knockd 将运行 start_command(如果需要提示，请参考代码清单 1.1)。如果设置了该选项，那么在 knockd 执行完 start_command 选项后，会等待 cmd_timeout 所指定的时间，然后执行 stop_command 操作。

首选方法是首先开放 SSH 服务器进行访问，然后在连接建立后马上关闭服务器。此时，并不会对你的使用产生影响。但如果想要建立新的连接，则需要再完成一次端口碰撞序列。可将该过程想象为一旦进入房间后即随手关门。这样，服务器将变得不再可见，而只有相关联的通信是可见的。

1.4 对安装进行测试

由于涉及的是服务器的安全，因此应该进行一些测试，以确保 knockd 按照期望的方式工作。比较理想的情况是通过访问另一台客户端计算机来进行测试。在测试过程中，需要完全确保 knockd 正确地开放和关闭端口，我个人比较喜欢通过一个完全不同的 IP 地址进行连接，从而完成相关的测试。如果你无法使用一个不同的 IP 地址访问一个连接，那么可以周期性地断开 Internet 连接，以便 ISP 为你分配一个新的动态 IP 地址，从而完成测试。一些宽带提供商会在计算机重启后分配一个新的 IP 地址，此外移动提供商也会提供类似功能。

端口碰撞客户端

为初始化一个连接并开放 SSH 端口，可使用不同的客户端创建一个碰撞序列。甚至可手动使用诸如 Nmap、netcat 或 Telnet 的工具按顺序探测所需的端口。此外，有关文档还提到可以使用 hping、sendip 以及 packit 软件包(前提是它们都可用)。接下来让我们看一个 knockd 软件包所附带的 knock 命令的示例。

如果用过代码清单 1.1 中所示的 openSSH 部分，就可以使用下面所示的语法创建自己简单的 knock 命令：

```
# knock [options] <host> <port[:proto]> <port[:proto]>
<port[:proto]>
```

由于前面已经在代码清单 1.1 中配置了 TCP 端口，因此可以运行下面的 knock 命令，如下所示：

```
# knock 11.11.11.11 6:tcp 1450:tcp 8156:tcp 22045:tcp
23501:tcp 24691:tcp
```

在本例中，目标主机的 IP 地址为 11.11.11.11。如果愿意，还可在代码清单 1.1 中组合使用 UDP 和 TCP 端口；此时的客户端碰撞序列应该如下所示：

```
# knock 11.11.11.11 6:tcp 1450:udp 8156:udp 22045:tcp
23501:udp 24691:tcp
```

如果只想使用 UDP 端口，那么可以使用一种非常好用的快捷方式，即在命令的开头添加-u，而不需要显式指定这些端口。可运行一个针对 UDP 端口的命令，如下所示：

```
# knock -u 11 22 33 44 55
```

接下来，让我们返回到服务器的配置文件，看一下如何在有效的碰撞序列中互换 TCP 和 UDP。如果想要混合使用不同协议，请在 openSSH 部分中按下面的代码更改 sequence 行：

```
[openSSH]
      sequence = 6:tcp 1450:udp 8156:udp 22045:tcp
23501:udp 24691:tcp
```

1.5 使服务器不可见

一旦确定了安装过程按照期望的方式工作，那么接下来可以锁定服务器，以便对攻击者隐藏服务器。可能因为某些原因(比如，攻击者曾经在托管服务器的 ISP 中工作过)，攻击者已经知道了与服务器绑定的 IP 地址，或者能够查看向该 IP 地址发出的通信以及从该 IP 地址接收到的通信。否则，服务器对 Internet 用户来说是不可见的。即使可见，也会碰到防火墙的阻挡。然而，如果想要获取 Nmap 的关闭端口状态，可尝试使用下面的方法。

1.5.1 测试 iptables

如前所述，应该使用可信任的 iptables。理想情况下，在锁定服务器之前应该物理访问服务器，以免发生错误。如果物理访问失败，则应该完成某些类型的带外访问，比如通过一台虚拟计算机的控制台、可以登录的辅助网络接口或者计算机附带的拨号调制解调器进行访问。但要注意，除非已经在你的开发环境中测试了相关配置，否则很有可能会出现错误并产生不同的问题。即使之前我用过端口碰撞，但有时也会被捕获到而被锁在服务器之外。

请谨记以上警告。接下来开始学习 iptables 命令。在将相关规则与已经使用的任何规则进行整合时要格外小心。比较容易的方法是在对已有的规则进行备份后直接重写已有的规则。首先，需要确保服务器可通过本地主机接口与自己对话，如下所示：

```
# iptables -A INPUT -s 127.0.0.0/8 -j ACCEPT
```

接下来，必须确保任何现有的连接都被确认和响应，如下所示：

```
# iptables -A INPUT -m conntrack—ctstate
ESTABLISHED,RELATED -j ACCEPT
```

此时使用 conntrack 来跟踪相关联的连接。一旦这些连接被成功初始化，就可以继续使用了。在本例中，假设仅需要为 SSH 服务器开放 TCP 端口 22，并且没有其他服务。具体的开放过程，可以参见代码清单 1.1，请添加下面的命令，开放 TCP 端口 22：

```
command = /sbin/iptables -I INPUT -s %IP% -p tcp—dport
22 -j ACCEPT
```

请格外注意该代码行。如果在该命令中使用了-A INPUT(代表“附加”)，则会被 iptables 拒之门外。因此必须是-I(代表“插入”)，以便该规则被输入为第一条规则，并相对于其他规则具有优先权。

此时你可能会疑惑%IP%变量代表什么。端口碰撞非常聪明，可以使用-s 字段中的连接 IP 地址替代%IP%值。

接下来就必须格外小心了。如果该命令没有按照预期的方式运行，就没有回头路了。所以，请确保在虚拟计算机上对相关的规则进行了测试，或者带外访问服务器，以防万一。可以使用下面的代码阻塞所有进入服务器的通信：

```
# iptables -A INPUT -j DROP
```

如果运行下面的命令检查 iptables 规则，将看不到 TCP 端口 22 和 SSH 端口：

```
# iptables -nvL
```

然而，一旦成功登录，将会在 iptables 中看到一条规则(很简单，只需要为 cmd_timeout 设置一个较低的值即可)。

如果在该过程中碰到了任何问题，可以继续往下阅读，找到解决配置问题以及提高记录级别的方法。如果没有任何问题，则应该拥有了一台所有端口都报告不存在的服务器，从而使该服务器不可见，如图 1.1 所示。

```
Starting Nmap 6.47 ( http://nmap.org ) at 2015-11-26 17:33 GMT
Note: Host seems down. If it is really up, but blocking our ping probes, try -Pn
Nmap done: 1 IP address (0 hosts up) scanned in 3.18 seconds
```

图 1.1 Nmap 似乎认为该 IP 地址上没有任何计算机

1.5.2 保存 iptables 规则

为确保 iptables 规则在计算机重启之后仍然存在，应该在 Debian 衍生产品中安装一个被称为 iptables-persistent 的软件包，如下所示：

```
# apt-get install iptables-persistent
```

然后使用下面所示的命令保存规则：

```
# /etc/init.d/iptables-persistent save
```

或者可以运行下面的命令恢复已保存的配置：

```
# /etc/init.d/iptables-persistent reload
```

而在 Red Hat 衍生产品(或者 presystemd 计算机)中，可以使用下面的命令：

```
# /sbin/service iptables save
```

如果想要恢复规则，则可以运行下面的命令：

```
# /sbin/service iptables reload
```

如果想要在 systemd Red Hat 衍生产品中完成上述工作，则首先需要尝试安装以下软件包：

```
# yum install iptables-services
```

1.6 进一步考虑

除上述内容外，了解一下端口碰撞其他方面的内容也大有裨益。

接下来我们学习这些内容。

1.6.1 智能手机客户端

在 Android 智能手机上，首选的 SSH 应用是 JuiceSSH(https://juicessh.com)。该应用是一个第三方插件，可以将一个碰撞序列配置为 SSH 握手的一部分。这也就意味着没有任何理由不去使用端口碰撞，即使在旅途中身边没有带笔记本电脑。

1.6.2 故障排除

如果在端口碰撞记录文件上运行命令 tail -f logfile.log，会看到记录中写入了不同阶段的相关信息。其中包括有效端口是否被碰撞，更重要的是，如果是按照正确的顺序被碰撞。

通过使用一个调试选项，可以提高 knock 所产生的记录级别。如果打开/etc/init.d/knockd 文件并仔细看一下，会找到 OPTIONS 行，此时可以将一个大写字母 D(Shift+d)添加到该行现有的值中，如下所示：

```
OPTIONS="-d -D"
```

一旦诊断完毕并解决了相关问题，就应该马上关闭额外的记录，以避免磁盘空间被不必要的信息所填满。在上面的代码中，-d 意味着将 knockd 作为一个守护程序来运行，以免产生疑惑。通常应该保留该选项，因为这是一个正常的操作。

返回到客户端。如果添加了-v 选项，可以向输出添加“碰撞”客户端生成的详细信息。如果结合使用调试选项，就可以获取来自客户端和服务器端的有用反馈。

1.6.3 安全性考虑

当涉及与服务器相关联的公共信息时，应该提醒你的 ISP 不应该公布服务器所使用 IP 地址的 DNS 信息。你的 IP 地址应该显示为未使用且未分配，以保证服务器不可见。

甚至对于诸如 HTTP 之类的公共服务，也需要记住对正在使用的守护程序的版本信息进行模糊处理。常用的方法是使用世界最流行的 Web 服务器 Apache，将"ServerTokens"更改为"prod"，同时将"ServerSignature"设置为"Off"。虽然这些配置更改是比较前沿的，但这样配置后，当一个新的零日攻击(zero-day exploit)被发现时，该攻击会忽略你的服务器，因为你的 Apache 版本号不在攻击数据库中。

knockd 文档还介绍了其他需要考虑的方面。其中谈到，如果使用-l 或- -lookup 服务启动选项来解决记录条目中主机名的问题，则可能面临一个安全风险。如果这样做，则可能将某些信息泄漏给攻击者。而攻击者可以使用这些信息确定序列的第一个端口，从而可能捕获到来自服务器的 DNS 信息。

1.6.4 短暂的序列

是否可以对碰撞序列使用一种不同的方法呢？当然可以，可以使用带有预定义的端口序列列表的端口碰撞，而该序列列表在使用一次后就会失效。返回到代码清单 1.1，查看一下主配置文件，可以向 open 和 close 部分添加下面所示的选项，从而在需要时启用一次性序列：

```
[openSSH]
        One_Time_Sequences = /usr/local/etc/portknocking_codes
```

如果从代码清单 1.1 中删除 sequence 行，并替换为上面所示的代码，那么 knockd 将会从上述路径指定的文件中获取序列。

knockd 处理一次性序列的方法是非常独特的。它首先从文件中读取下一个可用的序列，然后注释掉该行，并紧跟着一次有效碰撞所产生的有效连接。knockd 会在代表序列的行的前面添加一个哈希或者#字符。

相关文档还提过应该在每一行的开头留有空格，否则当在该行开头添加#字符时，可能会发现该字符已被无意间覆盖了，也就意味着你被锁定在外了。

在序列文件中，每一行可以添加一个序列。该文件的格式与主配置文件中 sequence 选项所使用的格式是相同的。

此外，文档还指出，如果想要加入注释，只需在这些注释之前添加一个#字符即可。但如果在编辑序列文件的同时 knockd 已经在运行了，就会发生糟糕的事情，比如被锁定在服务器之外。

一旦理解了 knockd 的基本功能，就可以体验更丰富的使用经历了。在测试期间，可以输入你所记住的电话号码或者任何其他数字序列，这样就不需要一直寻找一个不安全的序列列表了。例如，可以使用 5 个电话号码，并将它们拆分成有效的端口号。

1.7 小结

在本章，除了介绍如何让服务器不可见外，还介绍了如何在攻击发起之前让服务器在 Internet 上出现。为了充分混淆使用了端口碰撞的服务器，应该特别留意公共信息，比如反向 DNS 条目，这些信息可能会泄露正在使用的 IP 地址。此外，还可以考虑使用 NAT 来隐藏服务器，并周期性地动态更改服务器的 IP 地址，这样在给定的时间内，只有管理员通过一个秘密的主机名才会知道正在使用的 IP 地址，而该主机名则由一个特殊的 Domain Name 上的 DNS 秘密发布。

还可使用许多其他方法来保护服务器，但我希望本章可以覆盖足够的知识面，以便读者可以考虑哪些信息可以泄露给公众，而哪些信息可能被未来的黑客攻击所利用。此外，在需要时知道如何对服务器进行隐藏。

第2章

对文件应用数字指纹

密切关注服务器的安全是很有必要的。却很少有系统管理员积极努力地学习保护其基础设施安全所需的安全知识。如果你和我一样，那么一定在管理系统的过程中碰到过很多问题。例如，由于非常严重的 PHP Bug 而造成服务器被攻击，或者碰到并处理过比较明显的 DDoS 攻击。

本章将重点介绍另一种攻击途径 rootkit，以及一款被称为 Rootkit Hunter 的软件(你可能已经熟悉该软件)。通过学习如何监视文件系统中的重要文件(例如，可执行文件)，可以帮助你更好地保护计算机安全。

2.1 文件系统的完整性

多年前，我曾经用过 Tripwire(http://sourceforge.net/projects/tripwire)。现在，该软件被称为 Open Source Tripwire，当然也有许多其他类似的产品可以使用。Tripwire 定期运行(使用计时程序在晚间运行)，并使用加密哈希对文件系统中任何文件的更改进行监视。

在每次运行中，Tripwire 都会生成并记录文件系统中任何可见文件的哈希值，然后在下次运行时可以提醒管理员当前是否有任何的哈希值与以前记录的哈希值不匹配。不管以什么方式对文件进行了修改，对应的哈希值都会被更改。虽然在较老的硬件上，这种方法是一种 I/O 资源密集型操作，但也不失为一种比较好的方法，并同时衍生出其他的产品。比如当前比较流行的 AIDE(Advanced Intrusion Detection Environment)。该产品被描述为“文件和目录的完整性检查器”(http://aide.sourceforge.net)。如果有可能的话，我建议在开发虚拟机上尽量尝试使用 AIDE 或 Tripwire。然而，需要提醒的是，如果初始化配置没有设置好，则可能会产生误报的情况。

这种安全类型经常在基于主机的入侵检测系统(HIDS)保护下出现。据报道，这也是第一种基于软件的安全类型，因为在此保护下，大型机可以通过网络进行没有安全风险的交互。

如果你不希望每晚都进行文件系统检查，或者无法实时接收到每日系统报告，也不是问题。可以选择采用一种较老的方法，在构建完服务器之后只需要扫描一次文件系统，从而收集文件系统中所安装文件的相关信息。后面将解释为什么这种方法在某些情况下是很有用的。

此时，你可能会感到惊讶，平时用来完成其他工作的工具居然也可以轻松地用作安全助手。

接下来进一步学习 md5sum 命令。过去，当下载 Unix 类型的文件时，可能会提供选项对所下载文件的完整性进行检查(主要是通过验证这些文件的 MD5sums)。例如，可以从下载 Linux 安装 ISO 镜像文件的网站上找到对应的 MD5sums。

图 2.1 显示了从 Dutch 镜像(http://ftp.nl.debian.org/debian/dists/jessie/main/installer-amd64/ current/images/)下载 Debian Jessie 时所看到的内容。

Filename	Time	Size
MANIFEST	00:05 29-08-15	1709
MANIFEST.udebs	00:23 07-06-15	46432
MD5SUMS	00:23 07-06-15	53815
SHA256SUMS	00:23 07-06-15	72131
udeb.list	00:23 07-06-15	6337

图 2.1　可从网站下载 Debian Jessie，并检查 MD5sums，从而确保安全

如果打开文件 MD5SUMS，会看到代码清单 2.1 中所示的内容，其中包含了每个文件的哈希值。

代码清单 2.1　MD5SUMS 文件的简短示例

```
bf0228f479571bfa8758ac9afa1a067f  ./hd-media/boot.img.gz
ee6afac0f4b10764483cf8845cacdb1d  ./hd-media/gtk/initrd.gz
19fdf4efebb5c5144941b1826d1b3171  ./hd-media/gtk/vmlinuz
4dc2f49e4bb4fe7aee83553c2c77c9da  ./hd-media/initrd.gz
19fdf4efebb5c5144941b1826d1b3171  ./hd-media/vmlinuz
2750aec5f0d8d0655839dc81cc3e379f  ./netboot/debian-
    installer/amd64/boot-screens/adtxt.cfg
aca8674ab5a2176b51d36fa0286a40bb  ./netboot/debian-
    installer/amd64/boot-screens/exithelp.cfg
2e88361d47a14ead576ea1b13460e101  ./netboot/debian-
    installer/amd64/boot-screens/f1.txt
e62b25d4b5c3d05f0c44af3bda503646  ./netboot/debian-
    installer/amd64/boot-screens/f10.txt
```

在该代码清单的左列，可以看到每个文件的 MD5sum，而右列则是对应的文件名。这样，就可以防止攻击者偷偷地将一个文件放置到合法文件的位置，从而避免感染新操作系统的安装。

基本过程是首先计算 MD5sums，然后根据 MD5 摘要算法进行检查。此时你可能会想到另一种相对复杂的方法，即通过检查 MD5sums，可以有效地为每个文件创建一个数字指纹，以便日后进行查询。

使用 MD5sums 相对是比较容易的(计算机中的 Coreutils 软件包捆绑了 MD5sum 命令，可以被几乎所有的 Linux 发行版本所使用)。请尝试下面所示的命令：

```
# md5sum /home/chrisbinnie/debbie-and-ian.pdf
```

由此接收到的响应应该如下所示：

```
3f19f37d00f838c8ad16775293e73e76 debbie-and-ian.pdf
```

现在，返回到你的 Linux 发行版本所列出的文件，然后将 MD5SUMS 文件下载到与主 ISO 文件(ISO 是以 ISO 9660 文件系统的名字命名的)相同的目录中。这样，就可以避免对安装介质上的每个文件进行手动检查，因为该文件已经包含了该目录中所有文件的 MD5sums。既然已经拥有了所有文件的 MD5sums，那么接下来可以使用下面的命令对文件的合法性进行检查(其中-c 表示--check)：

```
# md5sum -c MD5SUMS
```

代码清单 2.2 显示了运行-c 选项后产生的结果。你也许会说 MD5sums 是二元的：结果要么是 OK，要么是 not OK。

代码清单2.2　根据MD5SUMS文件并使用-c选项对文件进行检查后产生的结果示例

```
compare.png: OK
config2.png: OK
config3.png: OK
config4.png: OK
works_1.tar: OK
package_inst.jpg: OK
```

如何判断某一文件与其最初的 MD5sums 不相匹配呢？在代码清单 2.3 中，可以看到一个警告(带有一个 FAILED 警告)，此外在结果的末尾处告知你出现了一个错误。

代码清单 2.3　一个不匹配且显示为“FAILED”的 MD5sums

```
test.sh: FAILED
bootstrap_AWS.pp: OK
hiatus.png: OK
md5sum: WARNING: 1 of 111 computed checksums did NOT match
```

毫无疑问，当你正在使用一个下载的 ISO 或者某一杂志所提供的 DVD 安装操作系统时，如果没有进行这些检查，无疑是在拿文件的完整性做赌注，并会因此对系统的完整性造成威胁。

前面介绍了如何检查新下载的文件是否存在任何篡改，接下来学习一下如何使用加密哈希的强大功能来帮助我们判断某一已安装的系统是否已经被攻击。

2.2 整个文件系统

一旦顺利安装了操作系统，并且完成了所必需的微调后，接下来就应该考虑记录下关键系统文件的 MD5sums。这样，当发现可疑的攻击时可以使用这些可靠的记录进行对比。

当然，相对于使用 md5sum 命令来完成该工作，编写一个 Shell 脚本可能会更容易：这是因为在使用 md5sums 命令时获取文件完整的目录树通常是非常困难的。

但即使使用 md5sums 命令也不要怕：很多人聪明地使用了一款被称为 md5deep(http://md5deep.sourceforge.net)的软件解决了上述问题。根据该网站的介绍，该软件除了提供 MD5sum 所提供的功能之外，还提供了以下功能：

- 你可以忽略某些文件类型(当需要忽略某些临时文件时该功能是非常有用的)。
- 如果所检查的文件数量非常庞大(比如在一次新的操作系统安装时)，md5deep 会提供一个非常有用的 ETD(Estimated Time of Delivery)——换言之，一条命令需要多长时间才能完成。
- 能够以递归方式运行 md5deep，以便轻松获取文件系统中大量的隐藏子目录，否则手动记录将非常费劲(甚至无法准确地找到这些子目录)。

- 考虑到兼容性，还可以引入不同类型的哈希值(例如，从 EnCase、National Software Reference Library、ILook Investigator 以及 HashKeeper 引入)。

我可以非常确定这款软件正是你所需要的软件。在完成了新计算机的安装之后，可以非常容易地安装 md5deep，并在整个文件系统(或者文件系统的一部分)上运行该软件。但需要提醒的是，不要将得到的哈希列表保存在服务器上，原因很简单。一旦服务器被攻击，攻击者就会很容易地使用新的、非法的 MD5sums 来重写你的 MD5sum 列表，从而对你实施欺骗。

如果出于某些原因无法获取 md5deep(比如，你正在一个相对封闭的环境中工作)，那么对那些包含关键二进制信息的目录运行 md5sum 命令还是值得的，例如，以下目录列表(这是一个非详尽的列表)：

```
/bin, /sbin, /usr/bin, /usr/sbin, /etc
```

2.3 rootkit

接下来介绍另一种对文件应用数字指纹的不同方法。

如果想使自己的文件免遭 rootkit(其中包含了允许其他人访问甚至控制你的计算机的代码)破坏，那么应该考虑使用一款出色的工具 RootKit Hunter(也被称为 rkhunter；http://rkhunter.sourceforge.net)。

在安装过程中，RootKit Hunter 会警告：如果尝试在一个可能被攻击的系统上运行该软件，那么相关的标准命令或实用程序将不存在，也就是说你可能无法成功运行以下命令：cat、sed、head 或 tail。

之所以给出该警告是有充分理由的：因为在一台被攻击的计算机上，这些命令可能已损坏或丢失。如果你安装了 RootKit Hunter，并捕捉到了恶意的文件，同时发现自己的系统被攻击，就需要重建系统了。不要认为只要对系统进行一定的修补就可以在后面的使用中确保计算机足够安全。其实这样做是不值得的，因为在未来用来修补计算机所花费的时间会越来越长。

换言之，使用该软件识别出成功攻击之后，通常需要完成一次完整的重建。据我的经验看，这些阴险的 rootkit 更像是文件系统帽贝(limpets)。你可能已经发现，就像我前面所说的那样，尝试清理系统所花费的时间要远远多于重建所花费的时间。

除了介绍理论之外，接下来让我们看看如何使用 RootKit Hunter。一旦安装了该软件，就可以非常容易地使用下面的命令。

在 Debian 衍生产品上：

```
# apt-get install rkhunter
```

在 Red Hat 衍生产品上：

```
# yum install rkhunter
```

如果你的安装过程没有出现任何错误，那么从运行一些简单的命令开始。下面所示的命令使用了计算机中文件的相关数据填充了文件属性数据库：

```
# rkhunter—propupd
```

接下来，为了对任何新安装的软件进行扫描，同时在软件更新后触发扫描过程，应该将文件/etc/default/rkhunter 中的 APT_AUTOGEN 选项更改为 yes。此时，我只是在带有 Apt Package Manager 的 Deian 衍生产品中验证了该选项，而在 Red Hat 衍生产品中可能存在另一个不同的选项。

完成上述更改后，可以准备首次运行 Rootkit Hunter 了，如下所示：

```
# rkhunter—check
```

注意，运行 Rootkit Hunter 的命令在不同版本中会有细微的差别，如果在运行上面的命令时出现错误，可以尝试添加-c 或--checkall。

还可以使用下面的命令定期更新你的rkhunter威胁列表(如果愿意，可以创建一个特殊的计时程序)，从而跟踪目前最新的威胁：

```
# /usr/local/bin/rkhunter-update
```

图 2.2 显示了运行该命令后生成的简短输出。该输出详细列出了 Rootkit Hunter 所完成的初始检查。

```
[ Rootkit Hunter version 1.4.2 ]

Checking system commands...

  Performing 'strings' command checks
    Checking 'strings' command                              [ OK ]

  Performing 'shared libraries' checks
    Checking for preloading variables                       [ None found ]
    Checking for preloaded libraries                        [ None found ]
    Checking LD_LIBRARY_PATH variable                       [ Not found ]

  Performing file properties checks
    Checking for prerequisites                              [ OK ]
    /usr/sbin/adduser                                       [ OK ]
    /usr/sbin/chroot                                        [ OK ]
    /usr/sbin/cron                                          [ OK ]
    /usr/sbin/groupadd                                      [ OK ]
    /usr/sbin/groupdel                                      [ OK ]
    /usr/sbin/groupmod                                      [ OK ]
    /usr/sbin/grpck                                         [ OK ]
    /usr/sbin/inetd                                         [ OK ]
    /usr/sbin/nologin                                       [ OK ]
    /usr/sbin/pwck                                          [ OK ]
    /usr/sbin/rsyslogd                                      [ OK ]
    /usr/sbin/sshd                                          [ OK ]
    /usr/sbin/tcpd                                          [ OK ]
    /usr/sbin/useradd                                       [ OK ]
    /usr/sbin/userdel                                       [ OK ]
```

图 2.2　运行 rkhunter-checkll 后所显示的简要输出

如你所见，Rootkit Hunter 主要注意的是包含可执行文件的关键目录(在本例中，该目录为/usr/sbin)。而这些二进制文件类型恰恰是容易被 rootkit 所感染的(当然也包括其他文件类型)。

回顾一下寓言故事希腊人和特洛伊木马。除了这些可以立即感染二进制文件的 rootkit 之外，还有一些代码会保持休眠状态一段时间，直到合法用户执行该代码，或者按照时间安排来执行。执行完毕后，系统攻击就发生了。

2.4 配置

如果想要配置 Rootkit Hunter，可以编辑其配置文件(可在/etc/rkhunter.conf 中找到)。

为了接收关于计算机完整性的晚间报告，需要编辑两个配置参数，一个参数用来定义收件人的电子邮箱地址，而另一个参数则在默认情况下标准的 mail 命令无法在你的系统上正常运行时进行调整。

一旦打开了配置文件，很快就可以找到这些显著代码行，然后取消这些行的注释，并将它们调整为所需的值：

```
    #MAIL-ON-WARNING=me@mydomain   root@mydomain
    #MAIL_CMD=mail -s "[rkhunter] Warnings found for
${HOST_NAME}"
```

在上面的代码中，一旦取消了第一行的注释，则指定了相关报告所发送的位置(可以通过空格的方式分隔多个地址)。而第二行则对 mail 命令以及发送到这些地址的电子邮件报告的主题行进行了相应的处理。

使用 rkhunter-check 再次运行该软件，测试这些所做的更改是否运行正常，并检查电子邮件收件箱。

如果想要对计时程序的运行进行检查，从而帮助调度程序确定相关报告的生成时间，可以看一下文件/etc/cron.daily/rkhunter。在许多 Linux 发行版本中，cron.daily 通常会在每天早晨 1 点到 5 点之间运行。

如果要更改电子邮件的显示方式，可在 cron.daily 文件中搜索下面的代码行：

```
    if [ -s "$OUTFILE" -a -n "$REPORT_EMAIL" ]; then
            (
                echo "Subject: [rkhunter] $(hostname
-f)—Daily report"
                echo "To: $REPORT_EMAIL"
```

依旧和以前一样，在进行修改之前，可以创建该文件的一个备份。

返回到运行 Rootkit Hunter 所生成的结果。在图 2.3 中可以看到 Rootkit Hunter 所搜索到的一些 rootkit。

```
Checking for rootkits...

  Performing check of known rootkit files and directories
    55808 Trojan - Variant A                                  [ Not found ]
    ADM Worm                                                  [ Not found ]
    AjaKit Rootkit                                            [ Not found ]
    Adore Rootkit                                             [ Not found ]
    aPa Kit                                                   [ Not found ]
    Apache Worm                                               [ Not found ]
    Ambient (ark) Rootkit                                     [ Not found ]
    Balaur Rootkit                                            [ Not found ]
    BeastKit Rootkit                                          [ Not found ]
    beX2 Rootkit                                              [ Not found ]
    BOBKit Rootkit                                            [ Not found ]
    cb Rootkit                                                [ Not found ]
    CiNIK Worm (Slapper.B variant)                            [ Not found ]
    Danny-Boy's Abuse Kit                                     [ Not found ]
    Devil RootKit                                             [ Not found ]
    Dica-Kit Rootkit                                          [ Not found ]
    Dreams Rootkit                                            [ Not found ]
    Duarawkz Rootkit                                          [ Not found ]
    Enye LKM                                                  [ Not found ]
    Flea Linux Rootkit                                        [ Not found ]
```

图 2.3　Rootkit Hunter 所搜索到的 rootkit 的部分列表

从图 2.3 和 2.4 可以看出，Rootkit Hunter 会对各方面的内容进行查找；其检查范围是非常广泛的。

```
Performing additional rootkit checks
  Suckit Rookit additional checks                          [ OK ]
  Checking for possible rootkit files and directories      [ None found ]
  Checking for possible rootkit strings                    [ None found ]

Performing malware checks
  Checking running processes for suspicious files          [ None found ]
  Checking for login backdoors                             [ None found ]
  Checking for suspicious directories                      [ None found ]
  Checking for sniffer log files                           [ None found ]
  Suspicious Shared Memory segments                        [ None found ]
Performing trojan specific checks
  Checking for enabled inetd services                      [ OK ]
  Checking for Apache backdoor                             [ Not found ]

Performing Linux specific checks
  Checking loaded kernel modules                           [ OK ]
  Checking kernel module names                             [ OK ]
```

图 2.4　Rootkit Hunter 广泛搜索的另一个示例

2.5　误报

如果接收到任何误报，都可以在配置文件/etc/rkhunter.conf 中将这些误报列入到白名单中。

如果虚假警报的数量较多，那么可以通过取消注释与主配置文件中整个目录相匹配的配置行来实现上述功能，如下所示：

```
ALLOWHIDDENDIR=/dev/.initramfs
```

如果 Rootkit Hunter 错误地怀疑某个二进制文件被一段脚本替代，可通过下面的选项删除警告：

```
SCRIPTWHITELIST="/usr/sbin/lsof"
```

对于单个文件，也可以使用以下配置设置：

```
ALLOWDEVFILE="/dev/.udev/rules.d/99-root.rules"
```

请记住，任何隐藏文件或目录(那些名称以一个点开头的文件或目录)通常对于文件系统扫描程序来说都是可疑的。在图 2.5 中，可以看到 Rootkit Hunter 扫描结果的另外一部分，主要是检查任何恶意的隐藏文件。

```
Performing filesystem checks
  Checking /dev for suspicious file types               [ None found ]
  Checking for hidden files and directories             [ None found ]
```

图 2.5 Rootkit Hunter 扫描的另外一部分包括/dev 分区以及隐藏的文件和目录

显而易见，Rootkit Hunter 进行全面的检查是经过深思熟虑的。除了文件系统和进程表之外，Rootkit Hunter 还会检查网络异常，如图 2.6 所示。

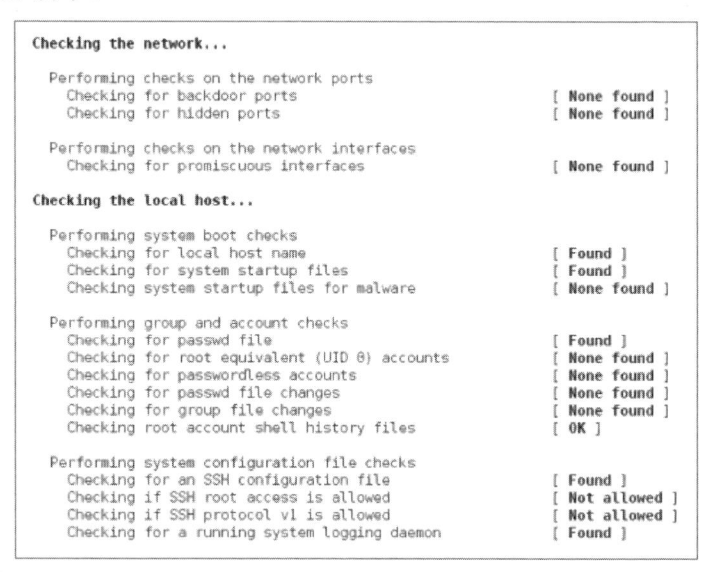

```
Checking the network...

  Performing checks on the network ports
    Checking for backdoor ports                         [ None found ]
    Checking for hidden ports                           [ None found ]

  Performing checks on the network interfaces
    Checking for promiscuous interfaces                 [ None found ]

Checking the local host...

  Performing system boot checks
    Checking for local host name                        [ Found ]
    Checking for system startup files                   [ Found ]
    Checking system startup files for malware           [ None found ]

  Performing group and account checks
    Checking for passwd file                            [ Found ]
    Checking for root equivalent (UID 0) accounts       [ None found ]
    Checking for passwordless accounts                  [ None found ]
    Checking for passwd file changes                    [ None found ]
    Checking for group file changes                     [ None found ]
    Checking root account shell history files           [ OK ]

  Performing system configuration file checks
    Checking for an SSH configuration file              [ Found ]
    Checking if SSH root access is allowed              [ Not allowed ]
    Checking if SSH protocol v1 is allowed              [ Not allowed ]
    Checking for a running system logging daemon        [ Found ]
```

图 2.6 可信赖的 Rootkit Hunter 还会进行一些网络检查

2.6 良好的设计

Rootkit Hunter 开发人员将 Rootkit Hunter 描述为一款“基于主机的、被动的、事后的、基于路径的工具”。如果你对该描述感到疑惑，那么在此可以解释一下。“被动”意味着需要手动地对该软件进行调度或者运行。而“基于路径”意味着它只是处理文件，而不会像病毒检查程序那样进行试探性操作。

在 Rootkit Hunter 文档的底部有一部分关于 rkhunter 的说明。对于那些初次接触在线安全的读者，或者拥有一定经验但想更新知识的读者，这部分内容都是非常好的入门资料。

首先需要注意的是，在攻击者尝试开始攻击之前，通常会进行某种形式的侦察，所以你应该格外注意日志文件。我记得，曾有一段脚本对我其中一台服务器上的路由跟踪程序以及 ICMP 通信进行过密切注视。

此外，还要重复一点的是，该软件的使用手册提到过，该工具并不是用来增强计算机安全性的主要工具，只是一个帮助识别问题的工具。

有趣的是，Rootkit Hunter 文档还会建议读者去使用它的一个竞争产品 chkrootkit，这是一款比较早的工具。Rootkit Hunter 手册建议仅使用一种工具有时很难获取所需的所有信息。因此，为了保证完整性，应该交替运行 chkrootkit 和 rkhunter，从而获取最好的结果。

最后，该手册还讨论了在发现了一次攻击，同时又没有必要的知识来进行处理时应该怎么做。除了访问 www.cert.org 之外，还可以访问 www.linuxsecurity.com.br/info/IDS/intruder_detection_checklist.html，其中提供了对在线攻击予以反应所需的步骤列表。

某些曾经遭受相关攻击的人可能会告诉你，一旦遭受了攻击，应该考虑可将该攻击报告给哪些权威部门，并尽快提交一个报告，而不是等待数周或者数月，以便进行一些处理，从而防止其他攻击的发生。这是一种比较合适的做法。

2.7　小结

现在，你已经掌握了对文件系统上的文件应用数字指纹的相关知识。所以，可以通过快速比较 MD5dums 来了解文件是否被更改过，此外还可以每晚或者定期运行 Rootkit Hunter。对于 rootkit 检查程序来说，可以制定一个扫描计划，定期指出配置错误，然后你就在这些错误造成更大的安全问题之前修复这些错误。

通过本章的学习，你应该记住两条规则：

- 始终在某些安全的地方保留所记录的 MD5sums(或者其他哈希值)，并且远离服务器。
- 不要过度依赖 rootkit 工具来减少事后的努力；只是使用它们来识别问题，以便在着手重建计算机之前弄清楚可能会发生哪些攻击。如果花费了大量的时间，而重建的计算机仍然保留了日后可能被利用的相同安全漏洞，那么所做的一切都毫无意义。当你听到这种事情会经常发生时可能会感到非常吃惊。

只要运行了较少的关键服务(当然这需要预先计划好)，那么连接到 Internet 的计算机的安全问题就不需要完成太多工作。否则就会引入一些费时的操作，比如因为系统的变化而不断添加的晚间报告。只要在系统构建的初期采取必要的预防措施，Internet 上的黑客就会陷入绝境，从而保证系统可以在相对安全的环境中工作。

第3章

21 世纪的 netcat

在第 1 版的 Linux 软件包中，让我感到惊讶的是其功能强大的 netcat(https://nmap.org/ncat)。随着时间的推移，该软件也出现了许多版本，而每个版本都带有略微不同的功能集。如果没有使用过该软件，那么我相信你一定会喜欢上该软件。该软件被描述为系统管理员所需要的唯一工具，当然这不免有点夸张，但 netcat 确实十分出色。

首先，该软件是轻量级的，其文件系统占用的空间是微乎其微的。此外，许多 Linux 发行版本默认都包括了 netcat 的某个版本。在了解了该软件的背景知识后，你一定渴望学习如何使用该软件了。

3.1 历史

多年来，netcat 拥有了多个实现版本。最初的 Unix/Linux 版本是在 1995 年编写的，而到了 1998 年，随着 Windows 系统的逐步流行，Windows 版本也出现了。我曾经看到过由 Nmap Project(https://nmap.org)所发起的一次调查结果表明，Nmap 用户首选的安全工具是 Namp，而第二选择就是 netcat。

netcat 的强大功能还帮助其提高了在黑客圈中知名度。因此，除了完成善意的白帽(white hat)活动之外，netcat 通常还被用来完成攻击侦察(以及自我攻击)。由此造成的结果是，你会发现在企业基础设施中很少发现 netcat 的成熟的(现代)版本，因为出于安全性的担忧，企业都将该软件包作为一个威胁列入了黑名单。

在此，我将会简要介绍 netcat 的血统。关于 netcat 的血统是很容易产生混乱的，因为最早的 netcat(其二进制可执行文件被称为 nc)是由 Nmap Project 所改造的，并将其称之为为“21 世纪的 netcat”。改造的结果是产生了一个二进制文件 ncat。ncat 的主页面使用了下面的论述忠实地承认了原版本：

最初的 netcat 是由*Hobbit*hobbit@avian.org 所编写。虽然 ncat 并不是根据“传统”netcat 中的任何代码(或者任何其他的实现过程)而创建的，但在精神和功能上却是以 netcat 为基础的。

虽然该 netcat 版本(即 ncat)谦虚地将自己描述为“能够连接和重定向套接字”，但这只是对其功能集的轻描淡写。

例如，在 Red Hat Enterprise Linux(RHEL)7 中提供了 ncat 的一个版本，我猜测，随着时间的推移，ncat 会以各种形式在其他版本中出现(当然也包括最初的 netcat)。此外，还有另一个原始 netcat 版本(默认情况下 Debian Jessie 捆绑了该版本，其二进制文件也被称为 nc)，该版本将其能力描述为“TCP/IP 瑞士军刀”。在下面所示的 RHEL7 Web 页面中指出了这两种版本之间不同之处：https://access.redhat.com/documentation/en-US/Red_Hat_Enterprise_Linux/7/html/Migration_Planning_Guide/sect-Red_Hat_Enterprise_Linux-Migration_Planning_Guide-Networking.html#sect-Red_Hat_Enterprise_Linux-Migration_Planning_Guide-Networking-New_network_configuration_utility_ncat。

如果你访问过该页面，将会看到许多的命令行选项被修改了。要么有些选项不再使用，要么最新的 ncat 更改了选项的含义。

还值得注意的是，如果没有访问 Root 用户特权，那么不同的版本可能会造成不同的结果，因此，当多次尝试也无法让 netcat 按照所希望的方式工作时，也不要太灰心。下面有一篇非常好的文章，说明了当你所使用的netcat版本不支持使用?e或?c选项来运行Shell时应该怎么做：https://pentesting.sans.org/blog/2013/05/06/netcat-without-e-no-problem。

返回到前面所说到的RHEL 7 Web页面。其中谈到，新版的ncat并不包括netcat所包括的某些功能。可能的原因是这些功能在现代的Internet上已经没有太多的用处。NMAP Project网站包括了以下的论述：

> ncat新增了许多原始NC所不具备的功能，包括SSL支持、代理连接、IPv6以及连接代理。虽然原始的nc包含了一个简单的端口扫描程序，但从ncat出现之后就可以忽略该程序了，因为我们已经一个首选的工具来完成端口扫描。

当然，在该网站中也提到了著名的Nmap端口扫描工具，并建议应该与ncat配合使用。虽然它们都是功能强大的工具，但我建议使用Nmap所提供的功能集。

回到netcat。虽然前面的内容已经让你感到有点糊涂了，但接下来的内容可能会让你更加糊涂，因为原始的netcat(此时指的是nc，而不是ncat)也存在两个版本。真正的原始netcat是Avian Research程序员在1995年编写的，而最后的版本(即1.10)则是在1996年发布。随后在2004年1月发布了netcat的GNU版本(http://netcat.sourceforge.net)，其最新版本为0.7.1。这两种“nc”netcat值得一提，因为很难在这两个不同的版本之间使用相同的命令行选项。在过去我曾经就落入过这种陷阱，当相关文档与该软件正在完成的工作不相匹配时，可能就会产生非常棘手的问题。

Nmap Project自己的netcat页面(http://sectools.org/tool/netcat)还显示存在更多的衍生工具，比如socat(www.dest-unreach.org/socat)、Cryptcat(http://cryptcat.sourceforge.net)、pnetcat(http://stromberg.dnsalias.org/~strombrg/pnetcat.html)以及sbd(可以在www.question-defense.com/

2012/04/09/sbd-backtrack-5-maintaining-access-os-backdoors-sbd 上找到一个非官方的信息网站)。

3.2 安装软件包

为了清晰起见，Debian Linux 和 Ubuntu Linux 使用了表 3.1 所示的软件包名。而在 Red Hat 衍生产品中，可以针对某一个版本的 nc 使用相关的软件包名：

```
# yum install netcat
```

而对于 Nmap Project 的 ncat，则使用下面的软件包：

```
# yum install nmap-ncat
```

我认为，安装某一个软件包后确保阅读该软件包的主页面(假设在同一计算机上安装了两个版本的 netcat)是很有必要的。

表 3.1 Debian 和 Ubuntu 软件包名

软件包名	描述
netcat	出于兼容性考虑而使用的一个“虚拟”软件包，可以安全地将其删除
netcat-openbsd	支持 IPv6、代理以及 Unix 套接字的 OpenBSD 软件包版本
netcat-traditional	Hobbit 所提供的原始软件包，其中缺少许多 netcat-openbsd 软件包所提供的功能
netcat6	对原始 netcat 进行了重写，从而支持 IPv6，并增强了对 UDP 的支持
nmap	如果想要在 Debian/Ubuntu 上使用 Nmap 的 ncat，那么该软件包正是你所需要的

为避免混乱，相对于 netcat(以及 nc 命令)，我将重点介绍 ncat(以及 ncat 命令)。从现在开始，我将会互换使用 ncat 和 netcat-或者为了更加的清晰，仅使用 ncat。

开始

接下来，让我们看一下与 netcat 等价的 21 世纪产品(当然，我指的就是 ncat)可以完成哪些功能。首先从基础知识开始。netcat 声明它包含了可以通过命令行操作网络数据的强大功能(包括对数据的读取和写入)。这是完全可信的，因为它可以使用 TCP 和 UDP(当然也可以很好地使用 IPv6)。同时，还可以借助 SSL(Secure Sockets Layer)连接完成许多让人影响深刻的事情，并可以使用代理——SOCKES4 以及 HTTP“CONNECT”。

通过在使用 Nmap 安全工具中所体现的优秀编程实践判断，ncat 编程的质量也是非常高的。Nmap netcat 文档陈述到，它不仅可以使用完全重写的代码(并且这些代码不参考原始版本)，也可以利用 Nmap 经过彻底测试过的网络库。

由于后面将使用 netcat 作为一个 Web 浏览器，因此顺便说一下 HTTP 代理。如果输入下面的命令，并带有想要访问的任意网站，就可以连接到 TCP 端口 80。

```
# ncat -C www.chrisbinnie.tld 80
```

一旦输入了上面的命令并按下了 Enter 键，则需要再输入下面的文本，并按下两次 Enter 键：

```
GET / HTTP/1.0
```

提醒一下，假如输入的速度不够快，该命令就会超时，就必须再试一次。如果你曾经通过该命令行查询过 HTML，就不会对使用过上述命令后在屏幕上不断上滚的大量信息感到惊讶。如果你感兴趣的话，可以看一下-C 选项，该选项会抛出一个 CRLF(Carriage

Return and Line Feed，回车符和换行符)，从而兼容某些网络协议。

此外，还可以使用 netcat 作为进行监听的守护进程。侵入服务器的方法有很多种，其中一种方法就是保持访问开放，以便进行返回访问，其实现过程很简单，就是让 netcat 监听一个系统管理员可能没有意识到的不起眼的端口。

理解上面的内容可能需要一段时间，但现在先暂时关注一下 HTTP。ncat 文档提供了一个关于如何将简单的 netcat 二进制文件转换为一个基本 Web 服务器的示例。首先，创建一个简单的文件。此时，并不要使用.html 扩展名，因为所创建的文件并不是纯粹的 HTML，而是 HTTP 会话的一部分。可以将该文件命名为 index.http，其内容如代码清单 3.1 所示。

代码清单 3.1　index.http 文件所保存的 HTTP 会话的一部分

```
HTTP/1.0 200 OK

<HTML>
<BODY>
Nothing to see here, move along.
</BODY>
</HTML>
```

如代码清单 3.1 所示，该文件主要都是 HTML，但第一行代码首先确认了访问 Web 客户端的请求。接下来，通过运行下面的命令，让 netcat 对连接进行监听，如果有客户端请求，则使用该文件：

```
# ncat -l 127.0.0.1 80 < index.http
```

顺便说一下，如果你考虑过使用 netcat 来提供其他内容，那么你的考虑是正确的。如果曾经手动通过命令行输入 SMTP 会话，那么当发现<CR><LF>选项(也就是-C 选项)也可以用于 E-Mail 会话时你就不会感到太惊讶了。

3.3　传输文件

思考如何仅使用 netcat 将文件从一台主机移到另一台主机。此时，并不需要使用复杂的 SFTP 守护进程或者消耗大量资源的应用程序。

接下来，将在两台示例计算机 Lionel 和 Luis 之间实现通信。首先从 Lionel 向 Luis 传递一个文件。而在 Luis 上运行下面的命令：

```
Luis> # ncat -l 1234 > bootstrap.pp
```

可以看到，开关选项-l 要求 netcat 对入站流量进行“监听”。此时我们将对 TCP 端口 1234 上的流量进行监听，并向文件 bootstrap.pp 输出入站数据；该文件是一个不需要在主机之间进行复制粘贴的傀儡清单，因为它太长太复杂。既然 Luis 正在期待传递过来的数据，那么接下来在 Lionel 上输入下面的命令发送数据：

```
Lionel> # ncat --send-only Luis 1234 < bootstrap.orig
```

一旦在 Lionel 上运行了上述命令，Luis 上的 netcat 实例将会自动退出。但在 Luis 退出之前，会将 Lionel 上 bootstrap.orig 文件的内容输出到 Luis 上的 bootstrap.pp 文件中——这是一个简单且聪明的操作。但在该过程中，可能会让你感到麻烦的首先应该是版本问题(因此为了简单起见，可以仅使用 ncat)，其次就是防火墙。如果存在防火墙问题，请谨慎打开防火墙。

ncat 文档还演示了如何使用 tar 命令移动多个文件。请参考下面的示例：

```
Luis> # ncat -l | tar xzv
Lionel> # tar czv <list of files> | ncat --send-only Luis
```

如你所见，上述代码再次从 Lionel 向 Luis 发送数据，但这一次是通过 tar 命令建立管道连接。我个人比较喜欢使用压缩的方式，从而加快传输速率(也可以非常容易地移动大量文件)，当然，也可以传输较少的数据。请看一下使用了压缩方式的示例：

```
    Luis> # ncat -l | bzip2 -d > massive.file.bz
    Lionel> # cat massive.file.orig | bzip2 | ncat
--send-only Luis
```

在该示例中，首先使用了可靠的 bzip2 命令进行了数据压缩，然后将 Lionel 上的 massive.file.orig 文件复制到 Luis 上名为 massive.file.bz 的文件。请注意，此时使用了 cat 命令来读取 massive.file.orig，并通过管道将其导入到 bzaip2；所以这并不是输入错误。

聊天示例

接下来，让我们与另一台计算机上的一名用户进行一些有趣的聊天。你以前可能见过 wall 命令，可以向所有登录用户进行广播。可以使用netcat实现双向聊天。可以选择收件人计算机(在本示例中，为 Luis)上的一个端口，并请求 netcat 进行监听，如下所示：

```
Luis> # ncat -l 1234
```

随后，运行下面的命令。运行完毕后，在 Lionel 上输入的任何内容(通过按下 Enter 键，发送每一行的聊天内容)都会被反映到 Luis 的控制台上，反之亦然。

```
Lionel> # ncat Luis 1234
```

在下面的代码片段中，可以看到在 Lionel 上所看到的对话。

```
# ncat 127.0.0.1 1234
Want to hear my two rules for success?
Ok!
Rule #1: Never tell anyone everything that you know.
Ok, and...
```

```
Hello, are you there?
```

本示例演示了 netcat 所提供的众多意想不到功能中的一种。我将该功能留给你自己去研究，看看还有哪些可用的其他选项。就其功能集而言，netcat 也遭遇了幸福的烦恼(好东西太多而无法进行选择)，其中要介绍的内容实在太多了。

3.4　将命令链接在一起

ncat(而不是 nc)所提供的最好功能之一就是可以将多个实例链接为一条单一命令，从而可以让 ncat 完成多种任务；可以将某一 netcat 命令的输出以管道的方式输入到另一条命令(Unix 样式)。接下来看一个 netcat 文档所提供的一个示例。在下面的示例中，将计算机“Neymar”作为第三台主机。Lionel 仍然是发送者，而在本示例中，Luis 变成了中间人，首先看一下下面的命令：

```
Neymar> # ncat -l 1234 > my_new_big_file.txt
Luis> # ncat -l 1234 | ncat Neymar 1234
Lionel> # ncat --send-only Luis 1234 < lengthy_file.txt
```

如你所见，与前面相反的是，在链接两条 netcat 命令以便将文件转发给 Neymar 前，Lionel 先将较长的文件传递给了 Luis。这种三服务器运行模式非常有用，尤其是在因为防火墙或者路由而导致 Lionel 而无法直接与 Neymar 对话时。

然而，文档还指出了该方案所存在的一个问题，即 Neymar 无法向 Lionel 传递数据。但你可能已经想要，功能强大的 netcat 已经为此提供了一个解决方法。当我看到该示例时，立刻就会联想到攻击者可能会利用该漏洞而获取不当收益(我想你肯定也会很快意识到这一点)。现在，看一下下面的命令：

```
Neymar> # ncat -l 1234 > newlog.log
```

```
Luis> # ncat -l 1234 --sh-exec "ncat Neymar 1234"
Lionel> # ncat --send-only Luis 1234 < logfile.log
```

在我的脑海中，认为本示例中最可怕的部分是-sh-exec 选项，表示当 Luis 接收数据时执行一条新的 Shell 命令。可以想象一下此类选项可以造成什么样的危害，它可以启动任何 Shell 命令。在本示例中，当 Luis 接收到一个连接时，会生成一个新的 netcat 实例，并处理 Lionel 和 Neymar 通信过程中的输入和输出。该过程可能有点复杂。

netcat 文档还提供了一个端口转发(port-forwarding)示例(再次处理 HTTP)，其中执行一条 Shell 命令来转发流量：

```
# ncat -l locahost 80 --sh-exec "ncat www.chrisbinnie.tld
8100"
```

上述代码只是将数据从本机 TCP 端口 80 转发到另一台主机上的 TCP 端口 8100。

3.5 安全通信

前面曾经介绍过 SSL 以及 netcat 如何与加密流量进行交互(虽然这是一个需要考虑却令人担忧的可能性)。本节将演示一个 netcat 如何对自己的流量进行加密的示例，其中再次使用了-C 选项(有时也被称为连接模式)：

```
# ncat -C --ssl ssl.chrisbinnie.tld 443
```

此时假设可靠的计算机 ssl.chrisbinnie.tld 正在 TCP 端口 443 运行一个 SSL 服务器，并且可以进行连接。出人意料的是，即使是对于使用了认证证书的 SSL 服务器来说，netcat 也是非常有用的。

只需要将 PEM 证书以及私有密钥文件的位置告诉 netcat 即可(在该命令中分别使用--ssl-cert 和--ssl-key 选项)。当然，如果愿意，也可以在同一文件中使用这两个选项。

当交换证书时，除了对通信进行加密之外，还需要考虑一个重要方面，即确认 SSL 服务器的标识是有效的(该确认操作是通过第三方服务的批准来完成的)。通过使用下面的命令，netcat 可以为此类请求提供服务：

```
# ncat -C --ssl-verify ssl.chrisbinnie.tld 443
```

根据 netcat 文档的说明，可以根据 SSL 证书进行相关的检查，如下所示：

验证过程主要是使用 ncat 所附带的 ca-bundle.crt 证书链以及操作系统可能提供的任何可信任的证书。如果想要验证对某一服务器的连接，而该服务器的证书并不由默认的认证机构所签发，那么可以使用--ssl-trustfile 对包含有所信任证书的文件进行命名。该文件必须是 PEM 格式。

https://nmap.org/ncat/guide/ncat-ssl.html

netcat 文档还提供了 SSL 命令的正确语法，如下所示：

```
# ncat -C --ssl-verify --ssl-trustfile
<custom-certs.pem> <server> 443
```

现在已经确认了将要连接的是哪台计算机，接下来看一下 netcat 可以使用的另一个 SSL 功能。该功能有多种应用，如果你进一步研究，会看到这些具体的应用。

该功能被称为“解包(unwrap)”SSL 的能力。netcat 文档建议，当尝试从一个启用了 SSL 的邮件服务器中获取电子邮件，但邮件客户端又不具备 SSL 功能时，netcat 可以提供帮助。

首先在本地主机、本地计算机或者 IP 地址 127.0.0.1 上指明上述邮件客户端。然后使用 netcat 监听 TCP 端口 143(该端口通常用于未加密的 IMAP 通信)，最后向邮件服务器的加密端口(TCP 端口 993)

转发流量，如下所示：

```
# ncat -l localhost 143 --sh-exec "ncat --ssl
mail.chrisbinnie.tld 993"
```

对于任何使用了两台主机的协议来说，都可以使用该方法。但是当涉及多台主机时，HTTP 不一定会很好地工作。

netcat 甚至可以充当 SSL 服务器。与前面的示例相反的是，此时需要提供一个访问客户端可以验证的证书。

如果没有指定证书文件以及私有密钥，并且使用了与前面相同的选项(--ssl-cert 和--sl-key)，那么 netcat 会自动生成相关文件。通过使用-l 选项(或者等价的--listen)可以启动 netcat，如下所示：

```
# ncat -v --listen -ssl
```

如图 3.1 所示，netcat 生成了一个临时密钥，从而可以更容易地开始后面的操作。

```
Ncat: Version 5.51 ( http://nmap.org/ncat )
Ncat: Generating a temporary 1024-bit RSA key. Use --ssl-key and --ssl-cert to use a permanent one.
Ncat: SHA-1 fingerprint: 7185 7CB4 7159 3F90 A0FC 5B26 46CE 0FA1 18D2 1EF4
Ncat: Listening on 0.0.0.0:31337
```

图 3.1　netcat 自动生成一个临时 SSL 证书

3.6　可执行文件

除了处理加密之外，在接收到一个连接时还可以在 Shell 上执行一条命令。毫无疑问，在运行下面所介绍的命令时通常必须考虑由此所带来的潜在安全隐患。如果不能完全确定幕后可能会发生什么事情，那么最好不要在生产计算机上完成相关的操作。换言之，可以首先在开发计算机上测试这些命令，并且熟悉这些命令可能产生的威胁。

第一个可执行(也是令人担忧的)示例恰恰就是 Bash Shell 自身。

启动它是非常容易的，而这恰恰也是令人担忧的。前面已经说过，netcat 可以侵入一台服务器并保留日后访问该服务器所使用的替换方法。借助于 ncat，甚至不需要 Root 权限就可以打开 Shell。你可以自己尝试一下。

在所监听的计算机上(即 Luis)，可以运行下面的命令，从而向全世界开放该计算机的 Shell：

```
Luis> # ncat --exec "/bin/bash" -l 1234 --keep-open
```

而在 Lionel 可以使用熟悉的连接类型，请运行下面的命令：

```
Lionel> # ncat Luis 1234
```

当首次连接到 TCP 端口 1234 时，你可能会怀疑是否正确生成了 Bash Shell。然而，可以尝试输入任何有效的 Bash 命令，比如请求一个目录列表：

```
# ls
```

将看到 Luis 的当前目录，但位于 Lionel 的控制台，这令人困惑。输入命令要谨慎，你不会看到所有的普通 Bash 反馈信息，文件删除和命令执行都非常容易。

非常流行且功能强大的安全工具 Metasploit 更进一步地利用了该功能，从而让后门持久化。即使你没有安装 Metasploit，并且也不打算学习相关内容，那么阅读一下 Web 页面 https://www.offensive-security.com/metasploitunleashed/persistent-netcat-backdoor/所介绍的如何在 Windows 计算机上使用 netcat 也是很值得的。通过访问该页面可以看到，使用相关的指令可以相对容易地更改 Windows 注册表和防火墙规则。

不管使用的是哪种操作系统，netcat 都可以使用多个选项。需要提醒一下的是，在测试期间，可以传递多个环境变量，从而产生平时不注意的问题类型。

3.7 访问控制列表

netcat的功能不断更新。甚至可以向netcat实例添加ACL(Access Control Lists，访问控制列表)。在监听 netcat 的守护进程上，可以添加下面示例所示的 ACL。通过锁定端口，可以扩展 Bash 命令，netcat 文档提供了一个示例，如下所示：

```
# ncat --exec "/bin/bash" --max-conns 3 --allow
192.168.0.0/24 -l
8081 --keep-open
```

可以看到，该示例只允许来自 CIDR/24 IP 地址范围 192.168.0.0 的 254 台主机，同时每台计算机只允许最多打开三个连接。这些选项的组合使用可以提供多种功能。

该命令的相对命令是--deny(使用 IPv6)，如下所示：

```
# ncat -l --deny 1222:cb88::3b
```

上面的代码除了拒绝一台计算机之外，允许所有其他计算机访问。该代码同样适用于 IPv4。

如果需要允许或禁止对多台主机的访问，使用下面的方法更加高效。只需要使用自己的条目填充一个文件即可。可使用--denyfile 和--allowfile 选项，如下所示：

```
# ncat -l --allowfile trusted-hosts.txt
```

3.8 其他选项

顺便说一句，通过使用-u 或--udp 开关选项，可以非常容易地跳出默认的 TCP。很快你就会看到为什么这些选项是非常有用的。

同样，为了使用 SCTP(Stream Control Transmission Protocol，流控制传输协议)，可使用带有--sctp 选项的 netcat。

另一个实用的技巧是可以添加字母 v 的三个实例，当所使用的命令输出结果时，使用-vvv 可以提供最详细的输出级别。

就像前面使用 netcat 来表述 SMTP 命令一样，功能强大的 netcat 也可以表述 Telnet 命令。如果你曾经发现自己无法访问某一 Telnet 客户端，那么 netcat 可以提供帮助。使用 netcat 而不使用 Telnet 的好处非常显而易见。首先，netcat 更安静，通常不会输出数据，除非该数据是由所连接的计算机所发出的。其次，Telnet 还有一些保留的控制字符，这意味着如果运行 Telnet，某些二进制数据会被破坏。此外，你可能注意到，在安静(空闲)的连接上 Telnet 会退出并停止运行，这意味着将无法接收到完整的会话数据。同时，Telnet 命令无法很好地使用 UDP，但 netcat 却可以。

3.9 小结

本章只揭示了 netcat 潜力的一小部分；因为需要介绍的内容太多而无法全部覆盖。

希望你明白，了解一些复杂工具的相关功能是非常重要的。尤其是可以了解攻击者如何利用这些功能来进行攻击。

以后，如果需要在局域网中移动文件，我可能会使用 netcat；对于此类简单的任务，netcat 可以非常容易地完成，而不必依赖较繁杂的数据传输工具，比如 SFTP。同时，应该避免使用 Telnet 命令来调试开放端口以及连接，通常应该使用 netcat。

此外，对于某些同僚，我并没有向他们演示如何完成以上的操作，因为这样他们就有机会造成可怕的伤害，并公开安全漏洞。

第4章

拒绝服务

不可否认，如果没有某些关键服务的运行，Internet将陷于停顿。许多用户将会体验到不断降低的性能，甚至有些用户会体验到服务的中断。除了 DNS(Domain Name System，域名系统)之外，NTP(Network Time Protocol，网络时间协议)也是Internet成功运行的关键。在本章，将会详细介绍攻击者如何尝试阻止这些关键服务正常工作。

对于那些负责维护 Internet 正常工作的人来说是非常遗憾的，因为攻击者可以使用许多方法对大部分Internet的DNS和NTP基础设施进行攻击。例如，曾经非常流行的DDoS(Distributed Denial of Service，分布式拒绝服务)攻击可以使在线服务性能下降，或者以一种非常令人沮丧的方式扰乱用户，从而获得竞争优势或者获取赎金。此类攻击通常被用作烟雾弹，从而掩饰其他恶意的安全攻击。

2014 年，Kaspersky Lab 报道说，小型和中性企业估计要花费52 000美元来防范DDoS攻击。而对于那些已经遭受此类攻击的企业来说，该数字可能会增加到444 000美元。受到此类攻击后，不但企业名誉会遭受损失，客户也不得不承受在线服务缓慢(如果这些服务都可以使用的话)、付款交易失败(事后可能需要人工介入来解决)等情况，因此针对这些对基础设施的威胁采取防护措施是很有必要的。全世界27个国家近3900家企业参与了一次调查，而调查结果令大部分人感到担忧“从 2013 年 4 月到 2014 年 5 月，有超过三分之一(38%)的提供金融服务或者面向大众的在线服务的企业遭受过 DDoS 攻击”。

可以使用多种方法导致对关键在线服务的拒绝访问。在过去的几年里，针对 NTP 和 SNMP 服务所发动的反射攻击(也包括放大攻击)数量不断增加，因此本章主要介绍这些攻击的发展历史，包含哪些内容以及如何减轻它们所造成的潜在灾难性影响。

4.1 NTP 基础设施

目前存在这样一个事实，关键的基础设施服务通常是攻击的主要目标，因为它们是攻击者高价值的奖品。随着时间的推移，DNS 和 NTP 协议不断发展，当然，安全性也是重点考虑的内容。现在，先讨论一下 NTP。

如你所期望的那样，存在内置的安全机制来帮助 NTP 成为一个关键的服务。例如，一些顶层的 NTP 服务器采用了一个“Closed Account”选项，在没有事先同意之前，这些服务器是不能使用的。对于 OpenAccess 服务器而言，则与之相反，只要遵循 OpenAccess 服务器的使用策略，就可以使用这些服务器进行轮询(polling)。而那些 RestrictedAccess 服务器有时可能会因为客户端的最大数量或者最小轮询间隔而被限制访问，有时甚至只对某些类型的机构的开放，比如学术机构。

另一种 NTP 安全组件是根据服务器所生成的指令而编写的客户端软件。如果接收方 NTP 服务器愿意，可以简单地阻止一个请求。对于某些路由和防火墙技术也可以使用类似的方法，这些数据在没有任何干预的情况下被丢弃。换言之，接收方服务器对于那些不想要的数据包不会承担额外的系统负担，并且会丢弃那些不应该响应的信息流。

然而，对此类请求进行响应并不是完全没有用，有时，相对于单方面的忽略请求，礼貌地要求客户停止此类请求可能更好。为此，有一种被称为 KoD(Kiss-o'-Death)数据包的特性类型的数据包。如果某一服务器向客户端发送了一个不受欢迎的 KoD 数据包，那么客户端将会记住这个带有拒绝访问标记的服务器，并到别处寻找，以便完成计时更新，或者至少在限定的阀值内停止预定的一段时间。

关注 NTP 整体安全还有其他重要的理由。除了 IP 寻址的需要以及宽带使用对银行资产负债的影响之外，还包括关于服务列表的 NTP 基础设施，而这些服务受到 IoT(Internet of Things，物联网)潜在的爆炸式、指数增长的影响。据说，全世界数十亿的设备很快就会同步，到那时，当你的牛奶喝完时，可以使用冰箱进行订购。

4.2　NTP 反射攻击

在 2014 年初，出现了一种令人讨厌的 NTP 攻击，让 ISP 不知所措，并迫使 Internet 社区快速且有效地行动起来应付该攻击。在很短时间内，该攻击就造成了极大的混乱(至少在攻击受害者中造成了混乱)。这种简单但新型的攻击影响了几乎所有的 NTP 实施。该攻击被称为反射攻击，从本质上讲，该攻击产生不需要的流量，然后将该流量发送给受害者。这样一来通常会导致受害者遭受负载或者宽带容量问题，除非这些问题底层的基础设施可以进行处理。在过去，这些攻击也被称为挑战响应攻击(challenge-response attack)；然而，在我看来，该描述并不准确，因为并不是所有的反射攻击都包括身份验证，而挑战响应通常是与身份验证机制相关联的。

2014 NTP 攻击是在类似的 DNS 反射攻击之后出现的，而 DNS 反射攻击在过去经常被发现。当一个关键的服务被发现存在一个以前未发现的攻击途径时，对于那些想要保护其基础设施的技术人员来说存在一个决策的过程。需要决定是否在可用的补丁或者配置修改完成之前马上禁用某个服务，以便其他的服务可以正常运行。归根究底，都可以手动设置计算机上的时间，或者在大多数情况下允许系统时间存在轻微的不准确。在任何不受欢迎的效果产生之前，许多服务都可以在 24 小时没有同步 NTP 更新的情况下继续保持运行。

在这些攻击类型中，经常出现两个术语。第一个是 reflection，意思是对攻击流量的重定位。通常，许多第三方的服务都作出响应，向受害者(即主要攻击目标)发送流量，而不是向攻击者发送。这主要是通过伪造或者模仿攻击者 IP 地址的方式实现的，从而欺骗第三方服务是谁请求了该流量。

第二个术语是 amplification，意思是发送一个数据包作为问题，同时接收到一百个数据包作为答案。在反射攻击中，该术语通常指不知情的受害者接收到了相当大的有效载荷或者接收到了针对某一问题的内容相当多的答案，而该问题却并不是该受害者所询问的。

假设三台计算机存在以下三角关系。计算机 A 代表计算机 B 向计算机 C 询问了许多问题。然后计算机 C 错误地向计算机 B 发送了所有的答案。此时计算机 B 将会被这些答案弄得不堪重负。计算机 A 对计算机 B 是不可见的，因此计算机 B 并不知道计算机 A 发动了此次攻击。对于那些意在保护其基础设施的人来说，这是一种非常具有挑战性的诊断。

据报道，标准的 DNS 反射攻击所产生的 DDoS 流量的放大比率为 70:1。换言之，如果你有 1G 的宽带可用，那么可以转发 70G 的流量。而由 NTP 攻击所产生反射比率从 20:1 到 200:1 不等。攻击者只需要查找免费可用的公共 NTP 服务器列表，并创建大量的 NTP 流量，就可以发动 DDoS 攻击。

通常来说，NTP 攻击非常简单。它主要是基于一个内置功能，即允许任何人查询曾经连接到某一 NTP 服务器上的最后几百台服务器。该功能被称为 monlist，或者 MON_GETLIST。攻击者伪装 IP 地址提出问题，从而让被查询的 NTP 服务器向受害者进行回复，而不是向提交查询的计算机回复。通过反复执行该命令，如果成千上万台服务器同时做出响应，那么受害者很快就会不堪重负。“反射”攻击的“放大”效应(通常答案中所包括的数据量要远远大于最初的问题)是极具破坏性的。这是因为只需要使用很少数量的服务器来发起此类查询，就可以破坏大部分的基础设施。

在 IPv4 系统(显示-4 的第一行)以及 IPv6 系统(显示-6 的第二行)上，减轻此类攻击所造成破坏的实质就是在 NTP 配置文件中包含下面的代码行：

```
restrict -4 default nomodify nopeer noquery notrap
restrict -6 default nomodify nopeer noquery notrap
```

通过访问 www.team-cymru.org/templates.html，可以获取一个非常受欢迎的 NTP 服务器模板(当然也有其他模板可用)来帮助面向公众的服务器免受部分攻击。如果访问该页面，请点击 Secure NTP Template 链接，随后，会看到一个针对不同平台的模板集合，其中包括 Cisco iOS、Juniper Junnos 和 Unix。

在该页面中，还包括了一个非常有用的提醒，告知如何配置 iPtables，从而帮助锁定 NTP，如下所示：

```
# iptables -A INPUT -s 0/0 -d 0/0 -p udp --source-port
123:123 -m
state --state ESTABLISHED -j ACCEPT
# iptables -A OUTPUT -s 0/0 -d 0/0 -p udp
--destination-port 123:123
-m state --state NEW,ESTABLISHED -j ACCEPT
```

此外，如果你感到恐慌，并且决定通过在路由器级别阻止 NTP 流量的方式防止 NTP 流量进入你的网络，那么还需要注意一下潜在的破坏性影响。如果你知道自己在做什么，就应该仅过滤 UDP 端口 123 的 NTP 流量，否则，关键服务不可避免地会运行失败。

4.3 攻击报告

自 NTP 攻击首次发生以来，云服务提供商(CloudFlare)宣称记录下了同类中最大的一次 DDoS 攻击。根据 CloudFlare 所提供的数据，该攻击的流量有 400Gbps，有超过 1298 个不同网络中的 4529 台服务器被请求产生宽带饱和流量。相反，曾经攻击过 Spamhaus(反垃圾邮件服务提供商)而被广泛宣传的一种攻击只使用了 30 956 个开放的 DNS 解析器就生成了 300Gbps 的 DDoS。由此可见，在每台计算机上所产生的影响是不同的。

PSINet 于 1998 年创建了另一种常被 DDoS 攻击所使用的协议。在 PSINet 被收购和兼并之前，曾经是世界上最大的 ISP 之一(即使不是最大的)。

绝大多数的网络设备上都使用了 SNMP(Simple Network Management Protocol，简单网络管理协议)，比如交换机和路由器。该协议非常有用，因为它可以向任何有能力接收统计信息的软件反馈相关信息，比如带宽使用情况等。最重要的是它是默认启用的，并且是一个基于公共字符串 public 的攻击途径。即使默认配置了密码，也往往比较简单的，比如 private；这意味着宽带路由器构成了一个潜在的威胁，并且可能参与到 DDoS 攻击中。此外，考虑到启用了 SNMP 的设备大都属于企业或者 ISP；在单个网络段中可能有几十个功能强大的交换机和路由器，并且可以访问高容量带宽。顺便说一下，除了工作站和 IP 摄像机之外，即使是办公室中的打印机通常也使用了 SNMP。

攻击者曾经尝试使用 SNMP 进行大规模的反射/扩大攻击。据报道，其流量比达到了惊人的 1700:1。当然，其估计的准确度还有待进一步核实，核实是否存在一定程度的危言耸听。

在 2014 年 5 月，Akamai 的 DDoS 部门报道说他们成功识别了 14 次 SNMP 攻击。

4.4 防止 SNMP 反射

接下来快速检查一下你的/etc/services 文件，可以看到 SNMP 默认使用的端口的详细信息：

```
snmp       161/tcp               # Simple Net Mgmt Proto
snmp       161/udp               # Simple Net Mgmt Proto
snmptrap   162/tcp               # SNMPTRAP
snmptrap   162/udp  snmp-trap    # Traps for SNMP
```

为防止源自你的网络的 SNMP 流量反射，可以采用默认拒绝(deny-by-default)的做法，从而确保外围防火墙不会让任何此类流量流出 LAN 而进入 Internet。当然，对于流入 LAN 的流量也可以采用上述做法。然而，当装备设置的比较匆忙，升级装备，或者由不熟练的人员进行配置，往往都会导致默认设置没有被更改，从而造成上述的防范措施失效。对于此类攻击最令人担忧的是，由于在全球各地分布着数量众多的宽带路由器，因此需要花费很长时间来修补它们(虽然负有维护责任的 ISP 可以向其网络添加出口和入口过滤器)。与此同时，大部分的基础设施都开始遭遇性能问题。

Akamal 将 SNMP 攻击描述为一种专门制作的攻击工具。该工具使用与 NTP 和 DNS 反射攻击相同的方式，自动发出 SNMP"GetBulk"请求，并伪装 IP 地址，其目的是确保受害者的 IP 地址接收到大量作为虚假请求的答复而发出的响应。但幸运的是，这种特殊的攻击仅适用于旧版本的 SNMP(即 version 2)。Version 3 提供了更高的安全性，默认情况下并不会随意开放自己。

令人担忧的是，此类攻击的关键设计是只用很少的请求就产生大量流量，甚至可在单个计算机完成攻击。犯罪分子不需要投入太多时间和资源就可以破坏大部分在线基础设施(但有时也需要花一些钱来购买一个僵尸网络)。

4.5 DNS 解析器

在 2014 年末，出现了另一种新的攻击。虽然该攻击是否属于反射攻击目前仍值得商榷，但我要讨论的目的是增加读者在这方面的知识。作为服务的一部分，Google 提供了两个突出的 DNS 解析器，其 IP 地址很容易记住：

```
8.8.8.8
8.8.4.4
```

这些解析器允许递归 DNS 查找任何个人或者设备(前提是它们没有完整的 DNS 服务器可用)。此外，这些 DNS 解析器还会对任何查找请求予以响应，相关响应可能来自缓存或者通过执行一次新的查找(前提是合适的答案是否存在于缓存中)。OpenDNS 提供了类似的服务，并且公开讨论对 DNS 查询进行过滤所带来的好处，例如，如果用户尝试访问一个曾经报道过的钓鱼网站，那么可以提醒用户。此外，它们的 IP 地址也是非常容易记住的，并且灵活可靠：

```
208.67.222.222
208.67.220.220
```

这些免费服务(至少大部分服务)之所以被广泛使用，可能是因为它们免除了在本地运行 DNS 服务器所带来的开销。然而，可悲的是，与其他流行的服务一样，这些服务易记的 IP 地址以及突出的可靠性使它们成为攻击者另一个高价值的攻击目标。

考虑到你对这些服务是否被攻击缺乏控制，因此关注一下在生产基础设施中什么地方使用这些服务是很有必要的。就 DNS 查找而言，最显而易见的攻击可能是 DNS 缓存中毒攻击，在该攻击中，查询计算机被给予了一个虚假答案，并向其发送了一个非法 IP 地址，从而可能感染请求计算机或者以其他方式进行攻击。许多的 DNS 缓存中毒攻击都被称为 Kaminsky 类型攻击(http://dankaminsky.com)，该攻击不仅让单个DNS记录中毒，而是要控制域名本身的规范记录。你可以访问 http://unixwiz.net/techtips/iguide-kaminsky-dns-vuln.html，了解关于安全研究员 Dan Kaminsky 的一些调查结果的相关信息。

因为 DNS 攻击所产生的影响非常大，所以不应该低估它的意义。据报道，Google 的 DNS 解析器每天要为将近 1500 亿次的查询提供服务。

2014 所产生的这些攻击很快就被流行的在线安全机构所识别(从表面上看，这些攻击都包括了 Google 的 DSN 解析器的 IP 地址)。例如，Internet Storm Center(https://isc.sans.edu)给出了当声称来自 Google 的 DNS 解析器的攻击到达你的网络时如何进行识别。只需要完成一些简单的数据包嗅探，就可以对这种攻击类型进行监视并记录其发生次数。

通过使用 tcpdump 嗅探工具，可以将任何识别的相关流量转储到文件/tmp/suspect_traffic 中。可以对来自 IP 地址 8.8.8.8(这只是其中 Google 的其中一个 DNS 解析器)且前往端口 161 的流量进行分类。

```
# tcpdump -s0 -w /tmp/suspect_traffic dst port 161 and
src host
8.8.8.8
```

通过捕获流量，可以监视其容量以及该 DNS 请求是否是合法的。如果发现了不受欢迎的流量，则可以通过引入防火墙规则限制那些被感染的设备与网络之外的通信。而对于那些存在问题的设备，防火墙提供了与外部世界的访问渠道。

白帽黑客与其他安全专业人员之间所进行的讨论得出以下结论，实际上，这些攻击(流量的源头看似来自 Google IP 地址)的设计目的是攻击那些带有邪恶意图且配置不当的设备(其攻击原理是通过使用预先配置的 IP 地址作为设备的 DNS 服务器)，而不是用来反射流量。换言之，攻击者可以重新配置这些设备，以实现自己的邪恶用途，而不是拒绝它们的服务。

为便于后续的阅读，可以考虑一个单独的攻击途径并尝试绕过合法的 BGP 公告(Border Gateway Protocol 是一种复杂的路由协议，它能够将 Internet 上许多的网络连接在一起)；关于这方面的更多内容，可以访问 http://thehackernews.com/2014/03/google-public-dnsserver-traffic.html。

4.6 共犯

很多的网络安全专家建议对离开你的网络的伪造流量进行限制；但遗憾的是，经验告诉我们，不管是因为不称职或者缺少资源，通常都有一定比例的网络管理员没有真正意识到遵循以上建议的重要性，或者根本没有注意到这些建议。当然，不要忘记，还有很少一部分的管理员有目的地将这些漏洞留给犯罪分子使用。

2000 年曾经有一篇文档鼓励争论并帮助这些网络管理员意识到 Internet 正常运行的重要性。该文档名为 Called Best Current Practice 38(BPC 38; https://tools.ietf.org/html/bcp38)，它为网络管理员提供了一些非常好的建议。此外，它还鼓励企业和学术机构对自己的网络基础设施的方方面面进行加固处理(包括主机以及网络装备)，从而防止互联网内的级联效应的发生。

特别需要注意的是，该文档占用了大量的篇幅讨论了入口过滤的重要性，如果你自己的网络已被用作攻击工具，那么入口过滤可以很好地保护外网免受来自你的网络的攻击。文章指出，相对于猜测始发流量来自哪里(就像前面“NTP 反射攻击”一节中所介绍的那样)，通过采取一些简单的预防错误，从一个“有效”源来诊断和缓解攻击可能更有效。

入口过滤的不同级别应该依据具体情况而定。一份观察资料显示，通过减少 Internet 上攻击的数量和频率，最终当攻击真的发生时会有更多的资源可用，从而使响应更加有效。这些具有开创性的指导方针的很多内容都归因于可敬的 NANOG(North American Network Operator's Group; https://www.nanog.org)。它通过一个流行的邮件列表详细讨论了网络问题。

4.7　使国家陷入瘫痪

多个不同地理位置的系统对单个系统(比如一个联网或者自治系统,不管这个系统有多大)进行攻击并且使其脱机所带来的威胁是企业、ISP 甚至整个国家一直关注的问题。从 20 世界 80 年代中叶开始 DDoS 攻击就可能存在了。

2007 年曾有一则新闻被广泛报道,Estonia 的 Baltic 州遭受了重复的 DDoS 攻击，并造成街头骚乱，几乎使政府陷入瘫痪。显而易见，这是人们对爱沙尼亚议会搬迁著名的战争纪念碑决定的反对。再加上一些高层的社会动荡，才是最后的引爆点。在很长一段时间内，该 DDoS 所产生的不断增加的流量被受害者持续接收。新闻机构因为缺乏网络而陷于瘫痪，这也就意味着世界上其他地方的人无法了解这个国家所发生的最新事件。

Estonian DDoS 在不断进化，据报道，每一秒中的攻击流量包括了四百万个数据包。该攻击的目标是让 Batlic 州的最大银行脱离 Internet(据某些媒体报道，该攻击最后取得了成功)。根据国家统计数据，约有 97%的人将钱存入银行，这意味着这是一次国家银行系统的重要失败。虽然该影响本身没有足够的破坏性，但缺少 Internet 连接也意味着不能与主银行进行沟通，或是无法从 ATM 机上提取现金。

令人遗憾的是，在本次破坏性事件中，仅抓到了一名与该事件相关的攻击者(该攻击只持续了大约 3 周)，并且只罚款了不到 2000 美元。然而，NATO 从 Estonia 的本次事件中得到了教训，积极参与并促进了国际社会对这些攻击进行响应的有效性。

4.8 映射攻击

由 William Cheswick,et al 所编写的 *Firewall and Internet Security: Repelling the Wily Hacker* 一书的前言中有以下论述：

> Internet 是一个大型的城市，而不是一系列小的城镇。任何人都可以使用它，并且可以几乎匿名使用它。
>
> Internet 是一个坏邻居。

如果你使用过 Digital Attack Map，那么就会认同上面引用内容的正确性。Digital Attack Map 是一款在线工具，提供了对全球 DDoS 攻击的概览，并且每小时进行更新(www.digitalattackmap.com)。

这种完全图形化的 Digital Attack Map 工具由 Arbor Networks 和 Google Ideas 运行，它们使用来自全球超过 270 家 ISP 的数据填充了该工具。这些 ISP 都同意与 Arbor Network 的全球威胁情报系统(ATLAS)共享数据。同时，这些数据也可通过 Arbor 的 ATLAS 威胁门户网站(www.arbornetworks.com/threats)获取。

此外，还可以通过访问 www.digitalattackmap.com/gallery 了解一些关键的历史攻击事件。只需要将鼠标悬浮在对应的攻击事件上，就可以了解攻击过程中每秒钟所被滥用的宽带流量。另外，还可以看到大致的攻击源(比如，如果某一攻击由一个僵尸网络所发起，那么该攻击可能来自几十个不同的国家)、推定的受害者以及攻击的持续时间。你可能感兴趣的是攻击过程中所使用的源端口和目标端口；我认为，NTP 端口、UDP 端口 123 是最有可能被攻击的几个端口。有趣的是，根据现有数据判断，端口 80 和 53(分别由 HTTP 和 DNS 使用)仍然是最流行的 DDoS 服务。

图 4.1 显示了来自 Digital Attack Map 网站的一个攻击示例，其中在全球地图的左边显示了攻击类型以及它们的颜色编码。这是该功能强大的网站的启动页面。你可以花几个小时的时间深入研究一

下当前以及历史的相关信息(该网站以一种易于理解的格式显示了这些信息)。

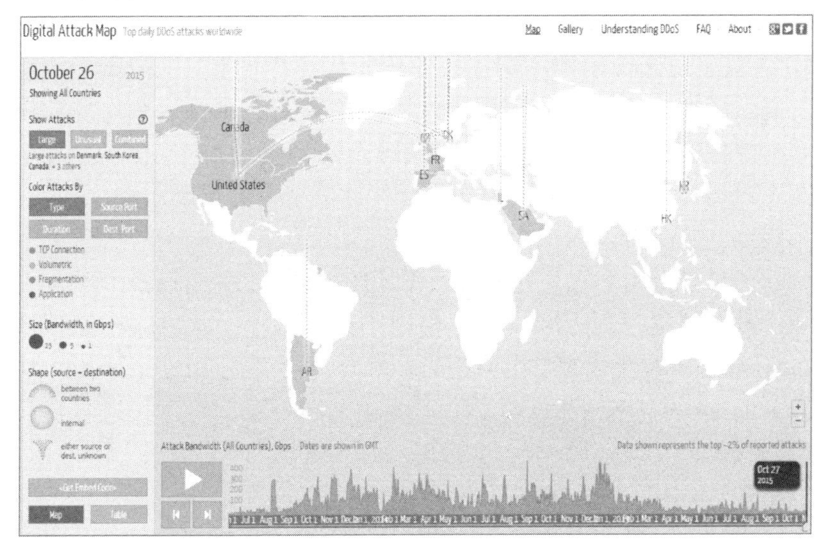

图 4.1　来自 Arbor Networks 的功能强大的 Digital Attack Map 网站(与 Google Ideas 合作)

4.9　小结

本章介绍了一些可能对关键基础设施服务产生的影响的安全问题。这些服务(大多数被影响的服务都使用了脆弱的 UDP)通常帮助将 Internet 连接在一起，同时需要保护。虽然有些攻击的设计时间较早，但有趣的是，在不同的时间段，攻击的类别会有所激增和减少。例如，某一种多年没有出现的攻击类型可能以更加进化的状态再次出现。如你最近所见，黑客社区对使用 SNMP 攻击工具进行攻击产生了浓厚的兴趣，最有代表性的 NTP 反射攻击的成功。

即使可能无法完全理解复杂攻击的详细细节信息，但理解攻击的前提条件确是比较简单的。目前，依靠 UDP 的服务是最危险的。

UDP 通常不会要求响应(而 TCP 需要完成三次握手)，因此最有可能被反射和扩大攻击所利用。

你以前可能会这么认为，在将网络服务创建完毕之后马上初始锁定(只通过 ACL 部分开放必要的服务)，这样一来，这些攻击类型就无法影响网络或者系统的日常操作。然而，在如今这个攻击形态千变万化的时代，如果想要你的基础设施取得成功，就必须对网络和系统与外部世界的交互方式进行持续监视，并频繁地修改 ACL 和策略。

如果没有用心观察安全列表并时刻关注技术新闻报告，那么完成上述工作几乎是不可能的。然而，如果做好了，则意味着你的 Internet 服务不会成为安全问题的一部分，也有助于帮助全球社区维护 Internet 的正常运行。

第5章

Nping

美国军方的DARPA(Department of Defense’s Defense Advanced Research Projects Agency，美国国防部高级研究计划局)在Internet形成过程中做出了极大贡献，帮助塑造了如今大家熟知且喜欢使用的Internet。同时，类似的军事到民事的转换也导致了如今Internet上最常用的网络发现工具的产生：ping命令。ping命令的产生源自于那些发送声纳ping来探测附近是否有其他舰船或者其他物理特性的海军舰艇。

作为功能强大的安全工具Nmap(http://nmap.org)所提供的网络发现功能的一部分，Nmap包括了另一个对传统ping命令进行了功能改进的新命令Nping(htts://nmap.org/nping)。如果你曾用过Nmap，就会感受到，从可靠性和成熟性方面来讲，使用任何Nmap项目所创建的工具都是安全的。

接下来介绍Nping工具是如何帮助我们更多地了解系统以及网络正在做的事情，同时深入研究一下远程和本地连接。

5.1 功能

从表面上看，你可能认为Nping的功能相对是有限的。毕竟，当发出一条ping命令时，只是发送了一个问题，并等待一个回答。

虽然 Nping 不是一个完整软件，却是一款高度综合且复杂的网络工具。

接下来，熟悉一下相关的语法。我们将以 Root 用户(超级用户)的身份登录并执行一些 Nping 命令。首先看一下 TCP 模式。第一个训练是向本地计算机发出 TCP "pings"(请看清楚，并不是 ICMP pings)。通过标准的 ping 操作手册，可以看到 ping 的常见操作是“使用 ICMP 协议的强制性 ECHO_REQUEST 数据报引起来自主机或网关的 ICMP ECHO RESPONSE”。换言之，包括了相关的问题和答案。

如果你感到疑惑，那么我将使用本地计算机完成这些示例，从而避免破坏其他任何计算机以及因为使用可疑的活动而填充防火墙日志。如同所有白帽工具一样，都应该谨慎地使用这些示例。

不能只关注 ICMP，Nping 是标准 ping 命令良好设计的延伸，它可以与许多不同的协议进行对话。此外，还可以提供易于理解的结果。

如果你还没有安装 Nping，那么可以按照下面的步骤进行安装。

在 Debian 衍生产品中，可使用下面的命令来安装 Nmap 软件包：

```
# apt-get install nmap
```

而在 Red Hat 衍生产品中，则使用下面的命令安装 Nmap：

```
# yum install nmap
```

5.2 TCP

返回 TCP(Transmission Control Protocol)示例，我们将在本地计算机上运行下面的命令，因此不需要关注防火墙问题，并且不会扰乱其他系统管理员：

```
# nping -c1 --tcp -p 80,443 localhost
```

此时，通过 TCP 向本地计算机(即向 TCP 端口 80 和 443)发送了一个 ping 数据包(带有-cl 计数选项)。该命令的输出如代码清单 5.1 所示。

代码清单 5.1　使用 Nping 发送了第一个 TCP pings，且返回了详细信息

```
    Starting Nping 0.5.51 ( http://nmap.org/nping ) at
2016-11-16 11:16 GMT
    SENT (0.0145s) TCP 127.0.0.1:16463 > 127.0.0.1:80 S
ttl=64 id=58041
        iplen=40  seq=2781160014 win=1480
    RCVD (0.0148s) TCP 127.0.0.1:80 > 127.0.0.1:16463 SA
ttl=64 id=0
         iplen=44  seq=2400211610 win=65495 <mss 65495>
    SENT (1.0148s) TCP 127.0.0.1:16463 > 127.0.0.1:433 S
ttl=64 id=58041
         iplen=40  seq=2781160014 win=1480
    RCVD (1.0150s) TCP 127.0.0.1:433 > 127.0.0.1:16463 RA
ttl=64 id=0
         iplen=40  seq=0 win=0
    Max rtt: 0.079ms | Min rtt: 0.055ms | Avg rtt: 0.067ms
    Raw packets sent: 2 (80B) | Rcvd: 2 (84B) | Lost: 0 (0.00%)
    Tx time: 1.00054s | Tx bytes/s: 79.96 | Tx pkts/s: 2.00
    Rx time: 2.00171s | Rx bytes/s: 41.96 | Rx pkts/s: 1.00
    Nping done: 1 IP address pinged in 2.03 seconds
```

从代码清单 5.1 可以看出，我们接收到来自 TCP 端口 80 和 TCP 端口 443 的答复。根据--c 选项，一旦每个端口发送了数据后(并且数据已经返回)，pings 就会停止。如果没有接收到任何有效的响应，则会看到如下所示的内容：

```
    nping_event_handler(): READ-PCAP killed: Resource
temporarily unavailable
    nping_event_handler(): TIMER killed: Resource
temporarily unavailable
```

一旦了解了 Nping 的用法以及对输入做出反应的方式，就可以

在需要时使用 CIDR(Classless Inter-Domain Routing，无类别域间路由)网络符号，例如，10.10.10.0/24。但目前，你应该坚持使用基本知识，并考虑如何指定一个 ping 的端口范围，而不是像前面那样在一个列表中指定这些端口。

考虑一下 Unix 类型计算机上的“特权端口”。在过去，这些端口都被赋予了名称，比如超级用户端口或者原始端口，但本质上，只有 Root 用户才有权限打开它们。这是一项原始的安全功能，意味着如果远程连接到其中一个端口号，就可以合理地确信运行在该端口上的服务是真实的。换言之，该连接是由 Root 用户发起的，而不是标准用户。下面的代码解释了如何使用 Nping 检查所有的特权 TCP 端口：

```
# nping -c1 --tcp -p 0-1024 localhost
```

Nmap 使用了一种不同于其他网络工具的方法来处理多个主机和端口号。出于效率考虑，如果指定了多台计算机，Nping 将不会简单地向列表中的第一台计算机发出一个查询并耐心地等待一个响应。相反，它会使用一种简单且巧妙的循环方法，即以一种轮换交替地方式接触每一台计算机，这样等待响应的用户就不会感到过多的延迟。对于多个端口，同样适用该方法，在对 Nping 所探测的下一个端口进行响应之前，给目标一个恢复的机会。

5.3 解释器

Nping 可充当许多协议的解释器。如果使用--tcp–connect 选项，则表示正在使用 Nping 的 TCP 连接模式。此时并不需要使用 Root 权限来发送原始数据表；相反，Nping 会要求操作系统为你创建连接。虽然在这种模式下看不到入站或出站数据包的内容，但至少可以看到它们传输的状态。

如你所希望的一样，如果以 Root 用户的身份运行 Nping，--tcp 选项能让我们使用 TCP 数据包获取所需的结果。例如，只需要使用 TCP SYN 消息完成一次 TCP 握手，就可以尝试操作连接的结果。相关文档还论述了这样一个事实，使用自定义的 TCP RST 数据包有可能会造成损害(通过伪装 IP 地址以及关闭活动的 TCP 会话)，所以请保持警惕。

操作 TCP 握手的方法可以看成三条独立的命令：

```
# nping --tcp -p 80 --flags rst -c1 localhost
# nping --tcp -p 80 --flags syn -c1 localhost
# nping --tcp -p 80 --flags ack -c1 localhost
```

5.4 UDP

通过--udp 选项，可选用 UDP(User Datagram Protocol，用户数据包协议)数据包。通常，TCP 和 UDP 数据包都嵌入在 IP 数据包中，但正如我前面所说的，如果没有 Root 权限，只要默认的协议报头没有被更改，就无法看到数据包的内容，而只能看到收发状态。该规则同样适用于 UDP 数据包。

UDP ping 有时可以发现其他协议无法发现的计算机。如果某一设备正在防火墙后面进行监听，那么 UDP ping 可以绕过防火墙并报告返回。这是一项非常有用的功能。简单的示例命令如下所示：

```
# nping --udp localhost
```

如果尝试以非 Root 用户身份在本地计算机上该命令，会看到以下所示的反馈：

```
SENT (0.0069s) UDP packet with 4 bytes to localhost:40125
(127.0.0.1:40125)
ERR: (0.0070s) READ to 127.0.0.1:40125 failed:
Connection refused
```

然而，如果以超级用户(即 Root 用户)的身份运行，则可完成相关事务，如下所示：

```
    SENT (0.0161s) UDP 127.0.0.1:53 > 127.0.0.1:40125
ttl=64 id=64074 iplen=28
    RCVD (0.0163s) ICMP 127.0.0.1 > 127.0.0.1 Port
unreachable (type=3/
    code=3) ttl=64 id=18756 iplen=56
```

如你所见，在这两个示例中，UDP ping 流量都针对 UDP 端口 40125。

5.5 ICMP

就像标准 ping 命令一样，如果以 Root 用户身份运行，当没有选择其他协议时，Nping 默认使用 ICMP。Nping 文档强调说“任何类型的 ICMP 消息都可以被创建”。例如，可以查询一个时间戳，并生成虚假的“目的地不可达”消息，或者通过重定向报文引发另一个系统或网络的问题。

请尝试下面的命令，以 Root 用户和标准用户的身份登录：

```
    # nping localhost
```

你可以清楚地看到两者的差异。下面显示的是标准用户接收到的内容(没有太多详细信息)：

```
    SENT (0.0027s) Starting TCP Handshake > localhost:80
(127.0.0.1:80)
    RECV (0.0028s) Handshake with localhost:80
(127.0.0.1:80) completed
```

下面显示的是作为 Root 用户接收到的内容，可以看到，系统给出了关于 ICMP 数据包内容的相关信息。根据 RFC(https://tools.ietf.org/html/rfc792)的解释，其中的 type=8 表示“8 Echo”，而这恰恰是你所期望的。

```
    SENT (0.0152s) ICMP 127.0.0.1 > 127.0.0.1 Echo request
(type=8/code=0) ttl=64 id=31032 iplen=28
    RCVD (0.0154s) ICMP 127.0.0.1 > 127.0.0.1 Echo reply
(type=0/code=0) ttl=64 id=18763 iplen=28
```

5.6　ARP

还可通过--arp 选项使用 ARP(Address Resolution Protocol，地址解析协议)。除了部署不受欢迎的 ARP 缓存中毒攻击之外，还可以生成各类 ARP 数据包。目前，已过时的 RARP(Reverse ARP，反向地址转换协议)查找常用来将 MAC 地址转换为 IP 地址。虽然 RARP 已成功地被 BOOTP 和 DHCP 协议所取代，但有时 RARP 仍有用处。此外，Nping 还支持被称为 Dynamic RARP(DRARP)的 RARP 进化版本，该版本主要由 Sun Microsystems 在上世纪末使用。同时，Nping 还提供了对 InARP 请求的支持；该请求类似于 RARP，但主要适用于帧中继和 ATM 网络。

最后，为了补充这些协议，还可以向输出添加--traceroute，从而通过查看“目的地不可达”数据包的源地址帮助确定哪一条路径流量有问题。

5.7　有效载荷选项

到目前为止，你已经熟悉了主要的协议选项，接下来让我们看一下是否可以好好利用前面所学到的新知识。请记住，Nmap 是为白帽黑客的活动所设计的，因此应该正确使用，而不要用于获取非法的收益。这种性质的工具很可能会引起混乱。

如果想要向探测数据包添加有效载荷，可以有三种选择，如表

5.1 所示。

表 5.1　有效载荷选项及其相关描述

选项	描述
--data	可以附加一些十六进制数据。文档提供了一些示例，比如--data 0xdeadbeef 以及--data \xCA\xFE\x09
--data -string	可以附加一个字符串，比如--data -string"PerArdua ad Astra"
--data -length	通过使用该选项，可以使用 0 到 65 400 字节的任何数据填充一个数据包，比如--data -length 999。请注意，任何超过 1400 字节的数据都可能淹没一些网络的 MTU

5.8　Echo 模式

Echo 模式是 Nping 所提供的众多复杂功能之一。该模式的设计目的是详细显示数据包在通过网络时所发生的一切。如果在两台主机上都启用了 Echo 模式，则可通过创建服务器-客户端关系来监视网络上所发生的事情。

接下来介绍该功能。首先服务器组件捕获数据包，然后通过 TCP 通信“通道”将详细信息转发给客户端。而生成上述的数据包则由客户端来完成。

该技术是一种识别任何数据包重整(mangling)非常好的方法。例如，如果 NAT(Network Address Translation，网络地址转换)参与其中，那么许多数据包的详细信息也会发生变化。如果网络上的设备更改了任何其他的 TCP 选项或者发生了流量整形(traffic shaping)，那么通过使用该技术，这些难以诊断的细节信息就变得显而易见了。此外，还可以确定在传输数据包的过程中什么地方出现了阻塞，从而有助于诊断问题。

接下来试用一下 Echo 模式。顺便说一下，如果想要 Nping 生成更多的输出以及更层次化的详细信息，可以添加-vvv。首先，需要成为 Root 用户，以便生成连接的服务器端。在本示例中，将使用密码“please_connect”，并通过下面的命令向 etho0 网络接口所接收到的输出添加详细信息：

```
# nping -e eth0 -vvv --echo-server "please_connect"
```

该命令的结果如下所示：

```
Starting Nping 0.5.51 ( http://nmap.org/nping ) at
2016-11-16 11:16 GMT
Packet capture will be performed using network interface
eth0.
Waiting for connections...
Server bound to 0.0.0.0:9929
```

如你所见，服务器正在 TCP 端口 9929 上监听客户端的连接。

接下来，通过启动客户端，生成一些流量。请再次注意，在本次测试示例中，服务器和客户端元素都要使用本地主机和本地计算机。虽然让流量通过防火墙或者 NAT 网关并不是最好的方法，但至少可以让读者详细了解该过程的工作原理。

此时，仍然需要以超级用户的身份运行该命令。请使用合适的密码，从而确保连接到本地主机。显而易见，如果想连接到其他远程计算机，只需要使用该计算机的 IP 地址替换该选项即可，如下所示：

```
# nping -vvv --echo-client "please_connect" localhost
--tcp -p1001-
1003 --flags ack
```

如你所见，我们首先连接三个 TCP 端口(1101、1002 和 1003)，然后向这些端口发送 TCP ACK 数据包。如果在连接过程中出现问题并接收到了“Handshake failed”错误消息，则表明输入的密码可能不正确。

接下来将介绍连接的两端所发生的事情，首先从客户端开始。作为 Root 用户，通过添加-vvv 选项，可以当数据包在网络中传输时查看数据包的相关信息；否则，输出就会平静得多。代码清单 5.2 显示了所看到内容的简短示例。

代码清单 5.2 客户端的简短示例输出，仅显示了一个发送数据包以及一个接收数据包

```
Starting Nping 0.5.51 ( http://nmap.org/nping ) at
2016-11-16 11:16 GMT
SENT (0.4256s) TCP [127.0.0.1:20869 > 127.0.0.1:1000 A
seq=33133644
  ack=4112791867 off=5 res=0 win=1480 csum=0x91F7
  urp=0] IP [ver=4
  ihl=5 tos=0x00 iplen=40 id=4058 foff=0 ttl=64 proto=6
  csum=0x6cf4]
0000   45 00 00 28 0f da 00 00  40 06 6c f4 7f 00 00 01
E..(....@.l.....
0010   7f 00 00 01 51 85 03 e8  01 f9 94 4c f5 24 39
3b  ....Q......L.$9;
0020   50 10 05 c8 91 f7 00 00                    P.......
RCVD (0.4258s) TCP [127.0.0.1:1000 > 127.0.0.1:20869 R
  seq=4112791867 ack=0 off=5 res=0 win=0 csum=0x2E11
  urp=0] IP [ver=4
  ihl=5 tos=0x00 iplen=40 id=0 flg=D foff=0 ttl=64
  proto=6 csum=0x3cce]
0000   45 00 00 28 00 00 40 00  40 06 3c ce 7f 00 00 01
E..(..@.@.<.....
0010   7f 00 00 01 03 e8 51 85  f5 24 39 3b 00 00 00
00  ......Q..$9;....
0020   50 04 00 00 2e 11 00 00                    P.......
^C
Max rtt: 0.085ms | Min rtt: 0.083ms | Avg rtt: 0.083ms
Raw packets sent: 4 (160B) | Rcvd: 4 (160B) | Lost: 0
(0.00%)| Echoed: 0 (0B)
Tx time: 3.23067s | Tx bytes/s: 49.53 | Tx pkts/s: 1.24
```

```
Rx time: 3.23067s | Rx bytes/s: 49.53 | Rx pkts/s: 1.24
Nping done: 1 IP address pinged in 3.66 seconds
```

在代码清单 5.2 中对输出进行简化，仅看到一个数据包“SENT”从客户端出站并发往 TCP 端口 1000。随后客户端从服务器接收到一个回复(入站，被标记为”RCVD”)，即从 TCP 端口 1000 到 TCP 端口 20869(一个较高级别的临时端口)。

由于使用了-vvv 选项，因此还显示了其他信息，包括校验行(从 csum 开始)以及该行下面的三行内容。其中^C 意味着在输出开始之后就停止了输出(这主要是为了简便)。与标准的 ping 命令行为相类似，接收(rtt)到了 Round Trip Times 和收发统计信息，以及总体完成时间。

在服务器端(也就是你的本地计算机，在实际过程中，可能产生的结果没有书中列出的那么多)，Nping 正在监听 TCP 端口 9929。代码清单 5.3 显示了服务器端生成的输出。

代码清单 5.3　客户端发送给服务器的数据包

```
Starting Nping 0.5.51 ( http://nmap.org/nping ) at
2016-11-16 11:16 GMT
Packet capture will be performed using network interface eth0.
Waiting for connections...
Server bound to 0.0.0.0:9929
[1479294971] Connection received from 127.0.0.1:51099
[1479294971] Good packet specification received from client #0
   (Specs=8,IP=4,Proto=6,Cnt=5)
[1479294971] NEP handshake with client #0 (127.0.0.1:51099) was
   performed successfully
[1479294971] Client #0 (127.0.0.1:51099) disconnected
```

在代码清单 5.3 中，服务器分别报告了“Good packet specification received from client #0”以及顺利完成的一次握手，随后是与客户端断开连接的 Epoch 时间戳。从服务器端并没有太多内容需要收集，所以只要服务器始终可用于进行测试，只需要登录到客户端就可以了。

Nmap Project 提供了一些可以使用的测试计算机。对于主机名为“echo.nmap.org”的计算机来说，密码都为“public”。如果想要进行 Nmap 扫描(而不是 Nping)，那么可以试用一下主机 http://scanme.nmpa.org。

由于 NAT 非常流行(你的连接可能就是就使用了 NAT)，因此如果对该计算机进行查询，会在 SENT 行以及 RCVD 行之间看到一些 CAPT 条目。具体命令如下所示：

```
# nping --echo-client "public" echo.nmap.org --tcp
```

如果仔细查看这些 CAPT(captured packet entries，捕获的数据包条目)，就能够弄清楚 NAT 是否更改了出站源地址。如果 NAT 介入，会看到一个私有地址(比如 10.10.10.10，具体含义，请参照 RFC 1918((https://tools.ietf.org/html/rfc1918))被更改显示为一个公开路由的 IP 地址，比如 123.123.123.123。检测 NAT 是否介入连接相对是容易的。请记住，只要有 NAT 的存在，就有可能出现以下情况：存在其他可更改 MTU(Maximum Transmission Units，最大传输单元)的设备、为了流量整形而进行的数据包重整、意想不到的防火墙以及不可见的开关，而这些情况都可能使连接发生细微的变化。

Nping 还可以用在其他的场合，比如能够发现是否使用了透明代理(当然这需要一段时间的学习)。我准备将这些内容留给你日后自己学习，但与此同时，接下来的一节还是会介绍其他一些可能对你有用的选项。

5.9 其他 Nping 选项

通过使用--delay 10 选项，可以选择限制数据包的频率。默认情况下，通常每一秒钟发送一次 ping，如果你正在持续监视某一特定事件，那么通过增加该选项值可以减少屏幕上不必要的信息。

另一个选项是--rate 3，在示例中，可以通过每秒钟发送三个数据包来淹没目标计算机。然而，不要被 rate 和 deplay 选项设置所难倒。请参考以下文档：

> --rate 选项和--delay 选项是相反的；--rate 20 等同于--delay 0.05。如果这两个选项都使用了，那么最终只有参数列表中最后一个选项起作用。

如果想要隐藏出站数据包，可以使用-H 或--hide –send 选项。例如，如果正在淹没某一个连接，那么该选项则是非常有用的。

此外，如果你正在淹没一个网络并且想要测试该网络如何响应重要载荷，那么可能并不想对每个接收到的数据包进行处理。通过使用-N 或--no-capture 选项，可以不捕获任何接收到的数据包。

对于 Nping 来说，还有其他许多命令行选项可供使用。例如，可以添加--debug，从而获取更多的详细信息。可以更改 TTLs(Time To Live 设置)。如果你正在对许多主机进行扫描，那么可以通过使用--host-timeout 10(其中 10 是以秒为单位的)添加一个超时选项，这样就不必要求 Nping 一直等待一个响应。

前面曾经简要提过，为了伪装发送者的 IP 地址而伪造 IP 地址；Nping 可以更进一步，通过使用下面所示的命令对主机 whitehat.chrisbinnie.tld 进行攻击，甚至可以使用随机值填充发送者字段：

```
# nping --arp --sender-ip random --ttl random
whitehat.chrisbinnie.tld
```

当我首次看到该功能时，头脑中就响起了警报。如果可以成功地使用随机值来伪造一个 IP 地址，那么应该引起所有系统管理员的关注。该功能的主要操作是对上游路由器进行不当的配置，从而允许该类型的流量到达某一组织的网络。

最后，如果想要调整通道用于 Echo 模式的方式，可以使用

--channel-tcp 或者--channel-udp，如下所示：

```
# ping  -vvv --client --channel-tcp 1234 --tcp -p 8100
localhost
```

与你想象的一样，一旦防火墙阻碍了通信，那么有一种比较好的急救措施，即通过调整 Echo 模式，从而可以通过 TCP 和 UDP 将“通道”数据发送回客户端。

5.10 小结

如果使用 Nping 一段时间，就会感慨它提供的功能真是十分广泛。我的建议是，只要有机会，都应该下载 Nmap，以便获取更详细的使用说明。

基于其强大的数据包生成能力，Nping 可以超越大多数的竞争对手。复杂的 Echo 模式的使用意味着如果访问了连接的两个终端，那么几乎没有设备可以逃脱检测。这样，就可以更加便捷地排除故障。

Nmap 的功能强大的 Nping 只是白帽黑客工具箱中的一个工具。如果合法地使用这些工具，就可以顺利地完成预期的任务，此外，还可以学习如何保持自己的服务器启动和运行。

第6章

日志探测

有时，需要额外注意连接到服务器的客户端。例如，由于数据的敏感性或者服务的关键特性，因此需要对最近发生的一连串攻击表示密切关注。

对这些计算机进行监视相对简单的一种方法是对服务器进行搜索，并记录下那些运行了 ping 以及 traceroute 的 IP 地址。你可能认为所收集的信息没有太多用处，但实际上如果想要了解谁连接到服务器、通常如何连接以及何时连接，那么这些信息就非常有用了。打个比方，通过研究某一办公室中所录下的闭路电视(Closed Circuit Television，CCTV)，就可以知道谁像往常一样来到办公室，或者谁是不请自来。日志文件非常有用，因为数月后一旦忘记了相关内容，就可以查看日志文件进行分析。

不管是因为什么原因，如果需要对服务器进行密切监视，那么依我看来，正确监视系统的诀窍在于两件事。首先，需要在后台运行一个可靠的守护进程，像一个哨兵一样进行监听；该守护进程应该是可靠的，所以不能引入竞争条件并导致服务器失败。其次，需要最小的日志记录，以便可以在一年的时间里随时检查文件并找到所需的信息，同时又不必担心日志文件过多占用宝贵的磁盘空间并导致更多问题。显然，你肯定也不希望攻击日志填写磁盘空间。当然，如果你使用了高容量的存储系统，并且喜欢记录详细日志，那就另当别论了。

在本章，将学习如何记录计算机的任何不法探测，以及如何应对潜在的 ICMP(Internet Control Message Protocol，Internet 控制消息协议)问题。此外，还会学习攻击者是如何利用温和协议 ICMP 进行攻击，并概述在 ICMP 被认为不安全之前常见攻击是什么样的。

6.1 对 ICMP 的误解

ping 以及 tranceroute 所生成的流量使用了备受非议的 ICMP，如果需要，还可以使用 UDP 进行较小程度的 DNS 查找。

然而，值得一提的是，创建 ICMP 的初衷是非常好的，在 Internet 的日常运作中，仍然使用 ICMP 来完成一些重要的任务。例如，需要使用 ICMP 来告诉设备设置 MTU 所需的值，以便数据包可以顺利地在跨异构网络链接中传输。在学完后面的内容后，你就应该避免初级系统管理员常犯的一个错误：阻塞所有通往自己服务器的 ICMP 流量。

6.2 tcpdump

接下来介绍可以选择哪些工具来全天候监视 ping 和 tranceroute。在系统管理员可靠的实用工具包中，可以考虑使用功能强大的数据包嗅探工具 tcpdump。该工具通常用来将流量分成更小的数据块，从而可以详细了解哪些内容通过了网络。

例如，如果想要获取 ping，那么当从另一台计算机对服务器执行 ping 操作时，可以使用下面的命令：

```
# /usr/sbin/tcpdump -i eth0 icmp and icmp[icmptype]=
icmp-echo
```

接下来的示例展示了 tcpdump 的 ICMP 数据包嗅探功能，同时还可以拾取 traceroute：

```
# /usr/sbin/tcpdump ip proto \\icmp
```

如下面的代码所示，ping 依赖请求和答复；然而，由于服务器的防火墙阻止了某些 ICMP 流量，因此当使用 traceroute 时记录下一个 admin prohibited 错误。

```
listening on eth0, link-type EN10MB (Ethernet), capture
size 65535 bytes
17:06:47.925923 IP recce.chrisbinnie.tld >
noid.chrisbinnie.tld: ICMP echo
request, id 21266, seq 1, length 64
17:06:47.925979 IP noid.chrisbinnie.tld >
recce.chrisbinnie.tld: ICMP echo
reply, id 21266, seq 1, length 64
17:06:48.927871 IP recce.chrisbinnie.tld >
noid.chrisbinnie.tld: ICMP echo
request, id 21266, seq 2, length 64
17:06:48.927921 IP noid.chrisbinnie.tld >
recce.chrisbinnie.tld: ICMP echo
reply, id 21266, seq 2, length 64
17:06:49.928069 IP recce.chrisbinnie.tld >
noid.chrisbinnie.tld: ICMP echo
request, id 21266, seq 3, length 64
17:06:49.928136 IP noid.chrisbinnie.tld >
recce.chrisbinnie.tld: ICMP echo
reply, id 21266, seq 3, length 64
17:06:52.215139 IP noid.chrisbinnie.tld >
recce.chrisbinnie.tld: ICMP host
noid.chrisbinnie.tld unreachable - admin prohibited,
length 68
17:06:52.215179 IP noid.chrisbinnie.tld >
recce.chrisbinnie.tld: ICMP host
```

```
noid.chrisbinnie.tld unreachable - admin prohibited,
length 68
17:06:52.215194 IP noid.chrisbinnie.tld >
recce.chrisbinnie.tld: ICMP host
noid.chrisbinnie.tld unreachable - admin prohibited,
length 68
17:06:52.215210 IP noid.chrisbinnie.tld >
recce.chrisbinnie.tld: ICMP host
noid.chrisbinnie.tld unreachable - admin prohibited,
length 68
17:06:52.215220 IP noid.chrisbinnie.tld >
recce.chrisbinnie.tld: ICMP host
noid.chrisbinnie.tld unreachable - admin prohibited,
length 68
17:06:52.215231 IP noid.chrisbinnie.tld >
recce.chrisbinnie.tld: ICMP host
noid.chrisbinnie.tld unreachable - admin prohibited,
length 68
```

在该代码片段中，服务器接收到来自主机 recce 的探测。而 recce 正在探测服务器是否在线。

6.3 iptables

还可以运行 iptables 命令(使用了 Netfilter 的基于内核的防火墙)：

```
# iptables -I INPUT -p icmp --icmp-type 8 -m state --state
NEW,ESTABLISHED,RELATED -j LOG --log-level=1
--log-prefix "Pings
Logged "
```

如果仔细观察，会发现--icmp-type 值被设置为数字 8。在表 6.1 中，可以看到 ICMP 所使用的代码。通过访问 RFC(Request for

Comments)页面(https://tools.ietf.org/html/rfc792)，可了解更多的信息。根据该页面的介绍，ICMP 大约出现在 1981 年左右，而当时 Internet 还是一个新兴事物。

表 6.1 来自内核源文件(include/linux/icmp.h)的 ICMP 代码

类型	代码
0	Echo Reply
3	Desination Unreachable*
4	Source Quench*
5	Redirect
8	Echo Request
B	Time Exceeded*
C	Parameter Problem*
D	Time stamp Request
E	Time stamp Reply
F	Info Request
G	Info Reply
H	Address Mask Request
I	Address Mask Reply

多年来，作为对使用 ICMP 所发动攻击的反应，Linux 内核也在不断发生变化。由于 ICMP 的滥用，在内核最新的实现过程中(从 Linux 2.4.10 开始)，表 6.1 中使用星号标记的功能默认情况下已经被限速了。

在下面的代码片段中，可以看到 ping 流量交换(记录在/var/log/messages 文件中)中所包括的目标 IP 地址源(SRC=10.10.10.200 和 DST=10.10.10.10)。

```
Feb 31 17:19:34 noid.chrisbinnie.tld kernel: Pings
```

```
Logged IN=eth0
OUT= MAC=00:61:24:3e:1c:ef:00:30:16:3c:14:3b:02:10
SRC=10.10.10.200
DST=10.10.10.10 LEN=84 TOS=0x00 PREC=0x00 TTL=64 ID=0
DF PROTO=ICMP
TYPE=8 CODE=0 ID=40978 SEQ=1
Feb 31 17:19:35 noid.chrisbinnie.tld kernel: Pings
Logged IN=eth0
OUT= MAC=00:61:24:3e:1c:ef:00:30:16:3c:14:3b:02:10
SRC=10.10.10.200
DST=10.10.10.10 LEN=84 TOS=0x00 PREC=0x00 TTL=64 ID=0
DF PROTO=ICMP
TYPE=8 CODE=0 ID=40978 SEQ=2
Feb 31 17:19:36 noid.chrisbinnie.tld kernel: Pings
Logged IN=eth0
OUT= MAC=00:61:24:3e:1c:ef:00:30:16:3c:14:3b:02:10
SRC=10.10.10.200
DST=10.10.10.10 LEN=84 TOS=0x00 PREC=0x00 TTL=64 ID=0
DF PROTO=ICMP
TYPE=8 CODE=0 ID=40978 SEQ=3
```

如果使用 tcpdump 或 iptables 来记录流量，那么应该尽量减少日志文件大小。因为这样，可以阻止(有意或者无意地)攻击者企图通过创建大型的日志文件而造成磁盘空间问题(在攻击者使用 ICMP 流量淹没了某一服务器之后)。而第二条理由是可以最大程度地减少日志噪音级别，从而便于快速地引用日志并找到所需的内容。

假设多年来你因为后台运行了 tcpdump 而感到不安，那么出于系统稳定性的考虑，让我们使用下面的 iptables 示例获取你所需要的信息。

接下来介绍如何从日志中剥离出无用的噪音。为了清晰起见，可以将探测日志另存到 syslog 以外的一个文件中。

本节将使用优秀且快速的 syslog 服务器 rsyslog 作为示例(可以从 www.rsyslog.com 中找到更多的相关信息)。这是因为当前 Red Hat

和 Debian(以及它们的衍生产品)都默认使用了 rsyslog，所以借助于下面的练习，你也有机会访问该服务器。

让我们看另外一个 iptables ping 示例：

```
# iptables -I INPUT -p icmp --icmp-type 8 -m state --state
NEW,ESTABLISHED,RELATED -j LOG --log-level=1
--log-prefix "Pings
Logged "
```

现在可以重点介绍--log-prefix 选项，如下所示：

```
--log-prefix "Pings Logged "
```

如果想要将所有的内核警告信息都保存到一个新日志文件中，那么是比较容易的。打开文件/ect/rsyslog.conf，并向 RULES 部分或者靠近该部分的地方添加下面所示的代码行(假设当前没有可能被破坏的 kern.warning 对应条目；如果有，就需要决定对该条目是重写还是附加)：

```
    kern.warning
/var/log/iptables.log
```

当然，当涉及操作文本文件，则可以通过使用快速 Shell 脚本(或者使用 grep、awk 或 sed 命令行工具)实现许多不同的结果。然而，为了避免出现临时磁盘空间问题，最好不要试图记录下所有来自内核的警告信息，以防在某些硬件失常的情况下在短时间内记录下成千上万条警告信息。

我们将要创建一个新的 syslog 配置文件，并命名为/etc/rsyslog.d/iptables-pings-logging.conf。顺便说一下，如果你的主配置文件(即/etc/rsyslog.conf 文件)可以拾取目录下的所有配置文件，就可以将该 syslog 配置文件命名为任何你所喜欢的名称。默认情况下，该文件包含了如下所示的用来读取所有配置文件的条目：

```
$IncludeConfig /etc/rsyslog.d/*.conf
```

然而，必须要说的是，我在对目录中一个新文件应用此类过滤器时遇到了困难。尽管进行了检查权限，并且对这些文件进行远程的系统日志记录(此外，还尝试使用了 startwith 和 regex 来代替 contains 运算符)。

如果你遇到同样的困难，就不要在新的配置文件中添加下面所示的两行代码，而是应该在主配置文件(/ect/rsyslog.conf)中导航到 RULES，并找到 kern.*行(总之，避免使用一个单独的配置文件)，然后再添加下面的代码行：

```
    :msg, contains, "Pings"
/var/log/iptables-pings.log
    & ~
```

第一行代码捕获了所有包含字符串 Pings 的条目，然后要求 syslog 将这些条目写入文件/var/log/iptables-pings.log。第二行代码有点不同寻常，它告诉 syslog 软件忽略前一行代码所捕获的任何条目，这样，就不会因为将相同内容写入到另一个文件而额外增加日志内容。当然，如果想要在其他地方进行记录，省略第二行代码就行了。

现在，你已经能够将相关内容保存到一个日志文件并过滤掉特定的 iptables 事件(通过添加你所喜欢的标签)，接下来再看一些其他示例。

6.4 多规则

如果想要允许 ping 到达你的服务器，同时允许来自服务器的出站 ping，那么每个操作都应该包括不同的 iptables 配置。

下面的 Web 页面解释了如何允许 ping 到达服务器的某一 IP 地址(假设服务器绑定了多个 IP 地址)以及使用不同的出站 ping 配置：www.cyberciti.biz/tips/linux-iptables-9-allow-icmpping.html。

请注意，进站 ping 规则中表示目的地的-d 意味着需要一个特定的 IP 地址。

6.5 记录下取证分析的一切内容

如果你担心会遭受到攻击，并且想要记录下所有的入站连接，那么可以使用下面的命令：

```
# iptables -I INPUT -m state --state NEW -j LOG
--log-prefix "Logged
Traffic: "
```

需要提醒的是，/var/log/messages 文件很快就会变得很大，所以必须尽快地通过刷新规则，从而禁用日志功能(可以在本节结束时再看一下该示例，从而弄清楚具体如何做)。该 iptables 命令的输出可能会如下所示：

```
Nov  11 01:11:01 ChrisLinuxHost kernel: New Connection:
IN=eth0
OUT= MAC=ff:ff:ff:ff:ff:ff:00:41:23:4f:4d:1f:08:00
SRC=10.10.10.10 DST=10.10.10.255 LEN=78 TOS=0x00
PREC=0x00 TTL=128 ID=28621 PROTO=UDP
SPT=137 DPT=137 LEN=58
```

该内容是从目前我的/var/log/messages 文件中提出出来的。从中可以看出该流量是由 Netbios 数据包所生成的。如果想要对输出流量进行跟踪，只需要将 INPUT 更换为 OUTPUT 即可。

关于这一点还有一个问题，如果想要记录流量，但同时又想对服务器日志所记录的流量类型进行限速(rate-limit)，那么该怎么做呢？请参考下面的示例：

```
# iptables -I INPUT -p icmp -m limit --limit 5/min -j
LOG --log-prefix
"Blocked ICMP Traffic: " --log-level 7
```

只需要将-p icmp 更改为-p tcp 或-p udp，就可以分别获取 TCP 和 UDP 数据包。该示例意味着每分钟仅记录下对应流量类型的 5 个数据包。这是非常有用的，因为通常在循环开始前最初的几次探测是有信息的。

顺便提一下，如果你发现日志文件填充得太快，那么可以刷新每一条 iptables 规则，如下所示：

```
# iptables -F
# iptables -X
# iptables -t nat -F
# iptables -t nat -X
# iptables -t mangle -F
# iptables -t mangle -X
# iptables -t raw -F
# iptables -t raw -X
# iptables -t security -F
# iptables -t security -X
# iptables -P INPUT ACCEPT
# iptables -P FORWARD ACCEPT
# iptables -P OUTPUT ACCEPT
```

我个人比较喜欢将这些命令字符串添加到一个脚本中(或者使用一个很长的 Bash 别名，然后使用以分号分隔的命令)。如果想要快速且安全地删除所有正在使用的防火墙规则，那么以 Root 用户的身份输入 flush 即可。

6.6 强化

如果你正在担心系统是否会因为 ICMP 流量而不堪重负，那么可以对一些相对简单的事情进行检查。这都得益于 Unix 类型操作系统的强大功能。首先(你的系统可能已经将下面的内容设置为默认值)，向文件/etc/sysctl.conf 的底部添加下面的代码行，从而忽略

ICMP 广播：

```
net.ipv4.icmp_echo_ignore_broadcasts = 1
```

此时，该 sysctl.conf 示例将需要重新启动，而下面的命令则可以马上将其设置为直播：

```
# echo "1" >
/proc/sys/net/ipv4/icmp_echo_ignore_broadcasts
```

而在本 sysctl.conf 示例，使用下面的命令也可以将其设置为直播(加载 sysctl.conf 文件中找到的所有配置设置)：

```
# sysctl -p
```

Icmp_echo_ignore_broadcasts 设置可以防止 ICMP 广播使用不需要的广播流量来降低网络性能。

事实上，这是一种过时的攻击(可以看到，最新的内核已经使用了 rate-limiting 作为标准)，该内核设置实际上只是对针对广播地址而发动的 ping 攻击(该攻击强迫本地网络广播域中的所有设备进行响应)起作用。如果所有设备同时响应，然后对其他设备的响应再次响应，就会因为网络上过多的流量而产生服务拒绝。和所有的内核设置一样，了解后台是很有用的，有助于理解网络的工作原理。

另一种攻击(出现于 1996 年)被称为 Ping of Death。该攻击会生成大量 ICMP 数据包，意图是使远程计算机崩溃。它可以影响许多流行的网络协议栈(目前至少发现了 18 种操作系统易遭攻击)。只需要知道一个 IP 地址，并向该 IP 地址发送超过 65 536 个字节的 ICMP 数据包，就可以导致与该 IP 地址绑定的计算机崩溃。可以访问 Insecure.org 的网站(http://insecure.org/sploits/ping-o-death.html)，了解更多相关内容。

去年，另一个被广泛讨论的攻击是 MITM(man-in-the-middle，中间人攻击)，也被称为 Smurf 攻击。Smurf 攻击很好地解释了欺骗是如何进行的。它属于一种最近频繁发生的攻击类型，即放大攻击。

在 MITM 中，要善于使用中间人，以便无法确定攻击的原始来源。该攻击的目的是使宽带饱和，从而最终导致服务拒绝。令人担忧的是，ICMP 流量的攻势居然似乎来自受害者本人。中间人(有时也被称为放大器)接收到这些伪造的数据包，然后向受害者发送一个正常的响应以作为答复，但受害者并没有要求该响应。此外，这些受害者也无法阻止这些数据包的到达。如果回到 Inernet 的早期，ISP 只需要禁用所有的 ICMP 流量就可以阻止这种大容量的数据洪流。因为这些数据包都是伪造的，所以即使是日志也无法追捕到它们来自哪里。

针对该问题的一种解决方案是对数据流本身进行限速。这样，既可以保证 ICMP 流量自由到达，又可以让网络相对正常运行，虽然这种解决方案会导致响应速度变慢。

通过使用带有一组如下所示规则的 iptables，就可以在所有的路由器硬件(比如 Cisco 或 Juniper)以及单个主机上实现上述的解决方案：

```
# iptables -I INPUT -p icmp -m limit --limit 30/minute
--limit-burst
60 -j ACCEPT
# iptables -I INPUT -p icmp -m limit --limit 6/minute
--limit-burst
10 -j LOG
# iptables -I INPUT -p icmp -j DROP
```

如第一行所示的配置，在启用了每隔一秒对数据包进行限速(值 30/minute)之前，--limit-burst 选项最初允许 60 个数据包到达。而第二行表示在被记录到 syslog 之前，会记录下接收到的流量数(虽然记录会更加严格)：在接收到 10 个数据包之后每分钟记录 6 个条目。最后，丢弃了这些数据包，从而减轻所产生的影响。

如果仔细阅读代码，就会发现，--limit-burst 值实际上指回到

--limit 所指定的期限。当没有达到该限制时，--limit-burst 会递增——换言之，增加 1——当没有达到该限制时，--limit-burst 会增多，直到到达所设定的值。

6.7 小结

本章首先介绍了哪些设置可能对系统和网络产生危害。当尝试在生产环境中更改这些设置时，应该确切知道自己在做什么(理想情况下，最好在测试计算机上做试验)。如本章所述，如果因为 ICMP 不好的名声而简单地在自己的网络上禁用该协议，这种做法是错误的。

随后，讨论了一些攻击以及如何防止这些攻击对网络和服务器的正常操作产生影响。同时还了解了一下如何对进站 ICMP 流量进行限速。

接着，介绍了如何利用 ping 和 traceroute 的日志来获取服务器上任何带有恶意意图的搜索。更重要的是，如何安全地将这些不需要的探测记录到一个文件中，以便某一次进攻无法使用相当大的日志文件来填充磁盘。

可以肯定地说，虽然本章所介绍的知识只是所需知识的一部分，但下一次如果有人说在他们的服务器上阻止所有 ICMP 流量，那么你可以会心地一笑，并且自信地说 ICMP 问题不再是什么大问题了。

第 7 章

Nmap 功能强大的 NSE

即使是经验不丰富的系统管理员也可能听说并运行过针对本地和远程主机的端口扫描。此外，还可能听说过市场上一款非常著名的端口扫描程序，即由 Namp Project 所创建的 Nmap。Nmap 代表 Network Mapper，它是一款超高速、成熟且高效的工具，且包含了许多的功能。

通过使用该工具提供的功能，可以检测远程服务器正在运行哪种操作系统，审查本地和远程计算机的安全性，以及创建网络上计算机及其活动服务的详细目录。

过去，你可能使用过 Nmap 进行端口扫描，但现在你将会认识到 Nmap 同时也是一款功能强大的渗透测试(penetration-testing)工具。这都得益于其完善的内置脚本引擎。然而，在开始之前，首先回顾 Nmap 基础的端口扫描功能。然后学习如何使用 Nmap 完成一些更高级的白帽活动。

7.1 基础的端口扫描

即使是 Nmap 所提供的基础功能(端口扫描)，也包括了许多高级选项，比如伪装源 IP 地址(使用-S 选项)等。可供选择的功能是非常多的。但首先，让我们从安装软件包开始。

为了在 Red Hat 衍生产品上安装 Nmap，可使用以下命令：

```
# yum install nmap
```

而在 Debian 及其衍生发行版本上，则可使用以下命令：

```
# apt-get install nmap
```

如果想要在 Red Hat 的衍生产品上使用 RPM Packager Manager，而不是运行上述命令，则可以从 https://nmap.org/book/inst-linux.html 找到更多的相关信息。

如果你对 Unix 类型计算机上的/ect/services 文件非常熟悉，那么对 Nmap 所包含的/usr/share/nmap/nmap-services 文件也不会感到陌生。请注意，你的文件位置可能略有不同。在该文件中，可以将端口号与易读的服务器名称相捆绑——我猜想，这有点类似于本地化 DNS(就像/etc/hosts 文件一样，使用 key:value 格式)。该文件的 Nmap 版本中有一行如下所示：

```
    Service name   Portnum/protocol   Open-frequency
Optional comments
    ftp                 21/sctp                  0.000000
    # File
    Transfer [Control]
    ftp                 21/tcp                   0.197667
    # File
    Transfer [Control]
    ftp                 21/udp                   0.004844
    # File
    Transfer [Control]
    ssh                 22/sctp                  0.000000
    # Secure
    Shell Login
    ssh                 22/tcp                   0.182286
    # Secure
    Shell Login
```

```
ssh                 22/udp              0.003905
 # Secure
Shell Login
telnet              23/tcp              0.221265
telnet              23/udp              0.006211
```

该文件非常有用，因为可以对其进行编辑来满足 Nmap 活动，从而避免意外地错误配置本地计算机的/etc/services 文件。此外，Nmap 所包括的自定义版本还对本地文件中的两个常用字段添加了更详细的内容。如本示例所示，顶部有四个带有字段描述的列。

一些人将其称为端口映射(port mapping)，该描述也比较贴切。如果你对此感到好奇，那么在完成了广泛的在线研究(通过运行大量的 Nmap 扫描)之后，会发现 open-frequency 字段会被填充，并且告知端口的打开频率。当尝试解决某一问题时，该全面的配置文件也是一个非常有用的参考。

请求 Nmap 在一台计算机上运行一次简单的扫描怎么样？接下来，让我们在远程的 IPv4 IP 地址上执行一次基本的端口扫描。在本示例中，为了略去 ping 测试过程，使用了“-PN”选项(假设你已经知道了该计算机在线)。注意，旧版本的 Nmap 使用了“-P0”和“-PN”(请不要与前面的-PN 选项产生混淆)，表示“主机发现”：

```
# nmap -PN 123.123.123.123
```

结果可能如下所示：

```
Starting Nmap 5.51 ( http://nmap.org ) at 2016-11-16 11:16 GMT
Nmap scan report for www.chrisbinnie.tld (123.123.123.123)
Host is up (0.00051s latency).
Not shown: 999 closed ports
PORT    STATE SERVICE
22/tcp  open  ssh
Nmap done: 1 IP address (1 host up) scanned in 0.09 seconds
```

可以看到，如果没有请求 Nmap 查看任何其他端口，那么在默认情况下有 999 个端口被扫描，同时在远程主机上只有 SSH 端口正在进行监听。

与你所期望的一样，可以对整个网络进行扫描，如下所示：

```
# nmap -PN 123.123.123.0/24
```

如果在选项中使用-n，则可以禁用 DNS 查找，从而潜在地加快结果的产生，并避免被 DNS 服务器所检测到，否则，该服务器就会针对你的查询发送答案。

如果你感兴趣的是 TCP，那么 Nmap 也可以连接到 TCP 端口，如下所示：

```
# nmap -sT www.chrisbinnie.tld
```

同样，如果对 UDP 感兴趣，那么只需要将-sT 换为-sU 即可。

如前所述，虽然由于涉及的选项太多而无法完全介绍，但在进一步学习之前，我还是想介绍一些我认为非常有用的选项。

首先，如果正在扫描本地网络，同时又不想扫描某些主机，那么可以使用 exclude –file 选项，如下所示：

```
# nmap 10.10.10.0/24 --excludefile
/home/chrisbinnie/exclusions.txt
```

如果需要忽略一些服务器，则可以选择使用下面的语法：

```
# nmap 10.10.10.0/24 --exclude 10.10.10.1,10.10.10.10,
10.10.10.100
```

为了对特定的端口号进行扫描，需要在前面加上 U(针对 UDP)和 T(针对 TCP)，如下所示：

```
# nmap -p U:53,T:0-1024,8080 10.10.10.111
```

最后，如果想要查看本地网络上正在运行哪些主机，则可以使用以下命令(由于正在使用“发现”或者 ping 扫描，因此使用了 P)：

```
# nmap -sP 10.10.10.0/24
```

其输出如下所示：

```
Nmap scan report for mail.chrisbinnie.tld (10.10.10.10)
Host is up (0.028s latency).
Nmap scan report for smtp.chrisbinnie.tld (10.10.10.11)
Host is up (0.029s latency).
```

换言之，每个主机占用一行。

7.2　Nmap 脚本引擎

Nmap 拥有一套非常成熟的内部技术结构，该结构通常指的是脚本引擎 NSE(Nmap Scripting Engine)。本章将主要介绍 Nmap 文档中一些重要的主题，并简要说明何时可能需要使用相关功能。

不同凡响的 NSE 在设计时考虑了几个关键功能。这些功能包括通过端口扫描实现网络发现，使用各种预定义签名所实现的高级服务检测，漏洞检查(和利用)以及后门检测。

NSE 的优势在于它的多功能性，顾名思义，通过提供额外的脚本(这些脚本可以是任何人使用 Lua 编程语言所编写的)，可以扩展 NSE 的功能。如果想要通过命令行启动 NSE，只需要启动带有--script=选项或者-sC 选项的 nmap 二进制即可。

接下来是使用 Nmap 进行端口扫描的两个示例。第一个示例没有启用 NSE，而第二个示例则启用了。通过这两个示例，可以帮助你熟悉输出上的差异。在代码清单 7.1 中，可以看到第一个命令的结果。请注意，这些命令都是以标准用户的身份运行的，而不是 Root 用户。

代码清单 7.1　Nmap 执行网络发现，但没有启用 NSE

```
# nmap -p0-1024 -T4 localhost
```

```
Starting Nmap 5.51 ( http://nmap.org ) at 2016-11-16 11:16 GMT
Nmap scan report for localhost (127.0.0.1)
Host is up (0.00049s latency).
Not shown: 1021 closed ports
PORT    STATE SERVICE
22/tcp  open  ssh
25/tcp  open  smtp
80/tcp  open  http
111/tcp open  rpcbind
Nmap done: 1 IP address (1 host up) scanned in 0.11 seconds
```

然而，在代码清单 7.2 中，可以看到 NSE 被启用了，因此可以看到更有价值的内容。

代码清单 7.2　网络发现所提供的丰富输出(启用了 NSE)

```
# nmap -sC -p0-1024 -T4 localhost
Starting Nmap 5.51 ( http://nmap.org ) at 2016-11-16 11:16 GMT
Nmap scan report for localhost (127.0.0.1)
Host is up (0.00054s latency).
Not shown: 1021 closed ports
PORT    STATE SERVICE
22/tcp  open  ssh
| ssh-hostkey: 1024 d7:46:46:2d:fc:ad:9e:c7:25:d3:a1:
96:45:4f:59:d9 (DSA)
|_2048 80:f2:29:c0:ee:a1:80:99:2e:7f:26:c3:b1:2d:c4:37 (RSA)
25/tcp  open  smtp
80/tcp  open  http
| http-methods: Potentially risky methods: TRACE
|_See http://nmap.org/nsedoc/scripts/http-methods.html
|_http-title: Site doesn't have a title (text/html;
charset=UTF-8).
111/tcp open  rpcbind
Nmap done: 1 IP address (1 host up) scanned in 0.16 seconds
```

从代码清单 7.2 中可以看到来自 NSE 的额外输入。与代码清单

7.1 不同的是，此时接收到了对所发现的内容进行进一步研究所需的 URL、更多的主机详细信息(比如 SSH 主机密钥)以及对那些 Nmap 认为不是有效 HTML 的相关注释。

7.3 时间模板

在代码清单 7.1 和 7.2 中，通过使用-p0-1024 选项，可以请求 0~1024 范围内端口(Unix 类型系统上特权、原始或超级用户端口)的相关信息。-T4 选项实际上并不是表示 4 秒钟的超时值，而是提供了一种方法设置 NSE 所使用的时间模板。该设置越高，Nmap 运行得越快，该值的有效范围为 0~5。

时间模板值是很重要的，甚至可以让你感到情绪愉悦。这些从 0~5 的值分别表示 paranoid、sneaky、polite、normal、aggressive 和 insane。如果你认为这些单词更容易记忆，也可是使用它们来替代对应的数字。

由于 NSE 捆绑了太多设置，因此主程序员意识到用户可能会因为其复杂性而感到迷茫，所以引入模板是很有帮助的。

这些时间模板在使用 Nmap 的过程中之所以重要，是因为当针对多个主机或者大型网络运行 NSE 时，该过程通常要花费很长时间来完成。你几乎看不到一些有趣信息(归因于配置良好的防火墙)，而你的任务需要很久才能完成相关操作。

此时，你可能会问，这些模板之间有什么区别呢？paranoid 和 sneaky 模板都提供了一定程度的避免被 IDS(Intrusion Detection System，入侵检测系统)所探测到的能力。polite 模板减缓了扫描过程，以便限制连接的两端所使用的带宽以及目标计算机的资源。-T3 开关选项实际上什么都没做；这是因为 normal 模板是默认模板，并且无论如何都是打开的。aggressive 模板(在前面的示例中，使用了 -T4 开关选项)加快了扫描过程，并更加严格地对相对高容量的网络的限制进行测试。最后一个模板 insane 会在 NSE 所提供结果的精确度与所花费的时间之间进行权衡。如果想要使用该设置，应该拥有一个高容量且可靠的网络。

7.4 脚本分类

除了使用了高度复杂的底层引擎外，NSE 还进行了精心的设计，以便新用户也可以相对容易地掌握其使用方法。因此，在不必事先阅读太多资料的情况下就可以快速地学会使用 NSE。

然而，为避免过于得意忘形，了解 NSE 引用其他不同脚本的方法还是很有用的。当通过 NSE 运行一段脚本时，通常会在脚本执行之前或者过程中完成一次端口扫描，以便检查目标计算机网络当前的可用状态。此外，在许多 NSE 脚本执行期间，还会完成其他类似的操作，比如 DNS 查找和 traceroute。

从表 7.1 中可以看到 NSE 对其脚本的分类方式；可以考虑使用不同的类别。

表 7.1　NSE 所提供的脚本类别

类别	描述
auth	该类别的脚本查找验证方法并规避这些方法——例如，x11-access、ftp-anon 以及 oracle-enum-users。该类别的脚本主要是用来进行暴力破解(brute forcing)，而不是验证
broadcast	如果需要在本地网络上进行广播，可以使用该类别的脚本
brute	如果想要暴力破解远程主机的验证证书，那么可以使用该脚本集合。它们可用于不同的协议
default	如果使用了-sC 或者-A 选项，则执行该默认脚本。如果想要使用特定的脚本，则必须使用--script=替换默认选项

(续表)

类别	描述
discovery	为了对连接到网络上的人和计算机进行跟踪，可以使用该类别的脚本进行相关的检查，比如公共注册表、启用了 SNMP 的设备以及目录服务等
dos	如果想要测试一个漏洞或者运行一段可能会使服务崩溃的脚本(须额外谨慎)，那么该组脚本可用来实现拒绝服务攻击
exploit	如果想要尝试某一漏洞是否可以成功入侵系统，那么可以使用该类别的脚本
external	执行这些脚本时要额外谨慎，你的行为可能被第三方所记录。这是因为该组脚本可能会执行一个第三方查询(比如 WHOIS 查找)，从而使你对 WHOIS 服务可见
fuzzer	当执行搜索时，这些脚本通过向查询注入随机字段，从而搜索软件 bug 以及安全漏洞。相对于其他的技术，这些脚本通常会花费更长的时间来敲击一个离线服务器或者找到任何有趣的内容
intrusive	通常，应该避免使用这个不受欢迎的类别，因为运行这些脚本是非常危险的，所以该类别不属于安全类别。运行这些脚本所面临的风险危险包括崩溃、带宽饱和以及被目标计算机上的系统管理员所发现
malware	很对已知的恶意软件会留下某些系统痕迹，比如后门或者感染的迹象。malware 脚本可以对不常用的端口号以及服务进行搜索
safe	该组脚本可能非常受目标计算机系统管理员的欢迎。但也不能完全依赖这些脚本来确保计算机不出任何问题
version	不能够直接选择使用这些脚本，因为它们是对 NSE 版本检测功能的拓展。如果使用了版本检测选项-sV，则执行这些脚本
vuln	如果发现了漏洞，那么该组脚本将会进行提醒；否则，不会产生任何噪音。典型示例包括 realvnc-auth-bypass 和 afp-path-vuln

7.5 影响因素

当使用默认的脚本组时，你可能会对 NSE 的决策方式感到惊讶。没有设置阈值；相反，当按照下面所示的标准运行之后，会得到一个分数。

- *Speed*——默认的扫描必须快速完成，所以不会使用暴力破解。
- *Usefulness*——如果脚本没有生成有用的结果，那么客户忽略默认脚本中所包含的内容。
- *Verbosity*——运行一段脚本所产生的结果输出必须是简洁的，同样，当没有任何结果需要报告时，最好是安静无声的。
- *Reliability*——在执行某些脚本时，不可避免地会使用一些假定和猜测。然而，如果频繁有错误发生，就不应该将这些脚本作为默认类别来运行。
- *Intrusiveness*——如果某一段脚本导致安全警卫突然出现，那么对于默认的脚本组来说该段脚本具有侵入性。
- *Privacy*——与外部的脚本组一样，默认脚本也需要尊重你的隐私，而不是显示你的存在。

7.6 安全漏洞

前面已经介绍了大多数的 NSE 脚本类型，同时还讨论了运行默认的脚本组意味着什么，接下来，通过使用新学到的知识以及 Nmap 所提供的丰富的捆绑脚本来完成一些渗透测试。

首先，在本地计算机上运行一次漏洞检查，如下所示：

```
# nmap --script vuln localhost
```

从代码清单 7.3 中可以看到上述命令的输出，请注意，该命令使用了带有 vuln 选项的漏洞脚本。

代码清单 7.3　直接进行漏洞扫描导致了令人担忧的结果

```
Starting Nmap 5.51 ( http://nmap.org ) at 2016-11-16 11:16 GMT
Nmap scan report for localhost (127.0.0.1)
Host is up (0.00090s latency).
Not shown: 996 closed ports
PORT    STATE SERVICE
22/tcp  open  ssh
25/tcp  open  smtp
80/tcp  open  http
| http-enum:
|_  /icons/: Potentially interesting folder w/ directory
listing
111/tcp open  rpcbind
Nmap done: 1 IP address (1 host up) scanned in 1.18 seconds
```

当我看到针对 RPC 服务的“Potentially interesting folder”时，代码清单 7.3 中所示的结果立即引起了我的兴趣。当然，可能只有我的本地计算机可以查询到/icons/文件夹，但这也是一次学习的机会(也是比较迫切的)。除非你意识到配置规则限制了对 RPC 的访问，否则可能会通过完全防火墙关闭对 TCP 端口 111 的访问或者关闭服务来解决此类问题。

解决该问题所需的第一个测试是使用 netcat 从另一台计算机上查询 TCP 端口 111，看是否有响应，而不是搜索配置文件(由 Nmap Project 所编写的 ncat 是我比较喜欢使用的版本，如果该版本不可用，也可以使用 telnet 命令)。

顺便说一下，如果 NSE 识别出了一个已知的漏洞，那么你可能希望接收到针对 Windows 服务器的补丁 ID 或者其他相关联的 URL，以便进行进一步的调查。通过在线搜索，可以节约搜索漏洞所花费的时间。如果 NSE 标记阳性，那么可以完成一些不同的测试，从而得出该结论。与使用其他工具不同的是，不应该在没有检查的情况下就随意忽略 NSE 的调查结果。

7.7 身份验证检查

接下来我们考虑一下，如果有人针对本地计算机运行了 Nmap 的 NSE，寻找身份验证(authentication)问题，结果会是怎样的呢？虽然我的本地计算机使用了比较宽松的权限(因为只是与本地计算机对话，而不是与远程主机对话)，但这种测试方法仍然有教育价值。下面所示的命令正是这么做的，并针对本机主机的身份验证方面进行测试：

```
# nmap --script auth localhost
```

该命令的结果显示了一些 NSE 所运行的测试，如代码清单 7.4 所示。

代码清单 7.4 针对我的本地计算机使用 auth 脚本

```
Starting Nmap 5.51 ( http://nmap.org ) at 2016-11-16 11:16 GMT
Nmap scan report for localhost (127.0.0.1)
Host is up (0.00062s latency).
Not shown: 996 closed ports
PORT    STATE SERVICE
22/tcp  open  ssh
25/tcp  open  smtp
80/tcp  open  http
| http-brute:
|_  ERROR: No path was specified (see http-brute.path)
|_citrix-brute-xml: FAILED: No domain specified (use
ntdomain argument)
| http-form-brute:
|_  ERROR: No uservar was specified (see
```

```
http-form-brute.uservar)
    | http-domino-enum-passwords:
    |_ ERROR: No valid credentials were found (see
    domino-enum-passwords.username
    and domino-enum-passwords.password)
    111/tcp open  rpcbind
    Nmap done: 1 IP address (1 host up) scanned in 0.17 seconds
```

查看代码清单 7.4 中端口号下面所显示的结果。可以看到，Nmap 显然想要一些更多的信息(通过不同的输入)，并同时生成了三个 ERROR 消息。如果发现有用户名针对 Windows 域等执行了这样的请求，那么可能会看到 NSE 所发现的用户账号(显示在输出末尾“Host script results”部分中)。

7.8 发现

可以考虑使用下面的命令，从而提供关于某一主机更详细的信息：

```
# nmap --script discovery localhost
```

代码清单 7.5 发现了许多关于本地主机的有用信息

```
    Starting Nmap 5.51 ( http://nmap.org ) at 2016-11-16
11:16 GMT
    Nmap scan report for localhost (127.0.0.1)
    Host is up (0.00070s latency).
    Not shown: 996 closed ports
    PORT   STATE SERVICE
    22/tcp  open  ssh
    |_banner: SSH-2.0-OpenSSH_5.3
    | ssh-hostkey: 1024 d7:46:46:2d:fc:ad:9e:c7:25:d3:a1:96:45:
      4f:59:d9 (DSA)
    |_2048 80:f2:29:c0:ee:a1:80:99:2e:7f:26:c3:b1:2d:c4:37 (RSA)
      25/tcp  open  smtp
```

```
|_banner: 220 mail.chrisbinnie.tld ESMTP Postfix
| smtp-enum-users:
|   root
|   admin
|_  Method RCPT returned a unhandled status code.
|_smtp-open-relay: Server is an open relay (16/16 tests)
80/tcp  open  http
| http-headers:
|   Date: Mon, 16 Nov 2015 11:37:52 GMT
|   Server: Apache/2.2.15 (Red Hat)
|   Last-Modified: Mon, 15 Jun 2015 13:57:09 GMT
|   ETag: "4bc-61-5188ed5743e6a"
|   Accept-Ranges: bytes
|   Content-Length: 97
|   Connection: close
|   Content-Type: text/html; charset=UTF-8
|
|_  (Request type: HEAD)
|_http-title: Site doesn't have a title (text/html;
charset=UTF-8).
|_http-date: Mon, 16 Nov 2015 11:37:52 GMT; 0s from local time.
| http-vhosts:
|_393 names had status 200
| http-enum:
|_  /icons/: Potentially interesting folder w/ directory
listing
111/tcp open  rpcbind
| rpcinfo:
|   100000  2,3,4       111/tcp  rpcbind
|_  100000  2,3,4       111/udp  rpcbind
Nmap done: 1 IP address (1 host up) scanned in 11.51 seconds
```

如代码清单 7.5 所示，通过使用发现脚本(discovery scripts)，可以获取 HTTP 标头、SMTP 横幅、RPC 问题以及其他内容。虽然显示了 SMTP 错误“Server is an open relay(16/16tests)”，这可能只是

虚假错误，但仔细检查还是很有必要的，以便进一步确认。

通过上述功能可以看出，这种模式是非常有用的，代表了 NSE 功能的一个关键部分。毕竟在不知道某一服务是否存在的情况下是无法利用该服务的。通过 NSE 所生成的结果，可以肯定地说，当谈到发现计算机和服务时，信息就是力量。然而，复杂的 NSE 并不会为你提供太详细的信息，因为只有够用才是最有用的。

按照类别运行脚本的负面影响是如果在某一类别中包括了所有的脚本，将会对执行性能产生影响。然而，这也恰恰意味着不必依赖默认的脚本组所使用的评分系统，或者不必执行适用于某一模板类型的所有脚本。但如果只是寻找某一特定类型的信息，就可以更关注特定类别的脚本。

7.9　更新脚本

你可能已经想到，使用 Lua 语言为 NSE 所编写的自定义脚本也在不断改进和增强。如果想要更新自己的 NSE 脚本，可以选择性地将需要更新的代码下载并复制到一个目录中，在 Unix 类型的系统中，该目录的路径如下所示：

```
/usr/share/nmap/scripts
```

如果想要从 scripts 目录中添加或删除脚本，或者更改脚本的类别，则需要运行下面所示的命令(以 Root 用户的身份运行)：

```
# nmap --script-updatedb
```

在理想情况下，输出应该如下所示：

```
Starting Nmap 5.51 ( http://nmap.org ) at 2016-11-16 11:16 GMT
NSE: Updating rule database.
NSE: Script Database updated successfully.
Nmap done: 0 IP addresses (0 hosts up) scanned in 0.14 seconds
```

为从 Nmap 网站下载脚本，可以访问 https://nmap.org/nsedoc/lib/nmap.html，并单击 Categories 面板中的 Scripts 链接。

在撰写本书时，该网站提供了超过 500 个有用的脚本，每个脚本都提供了与其功能相关的信息。

7.10 脚本类型

值得一提的是，在 NSE 的底层基础设施中，共支持四种脚本类型：

- *Prerule 脚本*——和你所猜想的一样，在任何扫描过程开始之前和之后都会运行这些脚本。例如，在进行检查之前，在一个 IP 地址列表上执行反向 DNS 查找。
- *Host 脚本*——在标准的扫描过程中(也就是说，在发现、端口扫描、版本探测以及操作系统探测之后)，在目标上运行这些脚本。
- *Service 脚本*——如果 NSE 识别了一个服务，就可以执行这些脚本。例如，针对 Web 服务器可以运行多达 15 个 HTTP 脚本。
- *Postrule 脚本*——一旦 NSE 完成了扫描任务，就运行这些脚本。这些脚本主要关注扫描结果的输出方式。正如我曾经说过的，简洁是非常重要的，而冗长则可以产生混乱。

综合的 Nmap 文档(可从 https://nmap.org 找到)解释说“许多的脚本既可作为 prerule 脚本也可以作为 postrule 脚本运行。这些情况下，为保持一致性，我建议作为 prerule 脚本来运行”。

7.11　正则表达式

NSE 所熟知的命令行还可以处理正则表达式(regex)。例如，前面我所提过的 15 个 HTTP 脚本；如果想要在一次运行中触发所有这些脚本，可针对某一目标 Web 服务器运行以下所示的一条命令：

```
# nmap --script "http-*"
```

此外，还可以做出一个 Boolean 决定，如下所示(应该与期望的正则表达式类似)：

```
# nmap --script "default or safe"
```

通常，该命令是非常容易理解的。Nmap 文档还提供了以下更复杂的示例：

```
# nmap --script "(default or safe or intrusive) and not
http-*"
```

可以看到，该命令启用了 default、safe 以及 intrusive 脚本类别，但没有启用用来处理 Web 服务器的脚本类别。

7.12　图形化用户界面

顺便说一句，你可以采用常用方法将输出(如果该输出非常长，那么通常会在控制台上快速地向上滚动)保存在文件中。如下面的示例所示(Unix 类型)：

```
# nmap -sC -p0-1024 -T4 localhost > /home/chrisbinnie/
output.txt
```

然而，NSE 用来保存输出的方法如下所示，输出为纯文本：

```
# nmap -T5 localhost -o outputfile.txt
```

还可将信息输出为 XML，如下所示：

```
# nmap -T5 localhost -oX outputfile.xml
```

7.13 Zenmap

某些情况下，尤其是对跨不同网络的多个目标计算机进行处理时，需要一些帮助对结果进行相应的处理。设想一下，如果将结果添加到一个数据库中，就可以轻而易举地在历史扫描记录中寻找常见的模式。

接下来介绍 Zenmap(https://nmap.org/zenmap/)。Nmap 官方的 GUI 扫描程序以及设计良好的 Zenmap 也是免费的，适合各水平的用户使用。可使用一个命令生成器来帮助生成复杂的命令，同时还可以通过数据库完成历史搜索。此外，还可以为经常运行的命令创建配置文件，这样就不需要频繁地重复输入这些命令了。

该图形化的跨平台工具可用于 Linux、BSD、Mac OS、Windows 以及其他系统。

该工具的另一个不错的功能是可以运行 diff，然后比较两次扫描的结果，以便更容易地发现当时和现在之间所发生的事情。

对于那些经常执行扫描的用户以及初次接触网络安全的任何用户来说，Zenmap 是应该选择的工具。所有经验水平的用户在使用过 Zenmap 后都应该会发现学习该工具的学习曲线非常平缓。图 7.1 显示了在 Linux 的 Desktop Manager 上使用图形化 Zenmap 时所看到的内容。

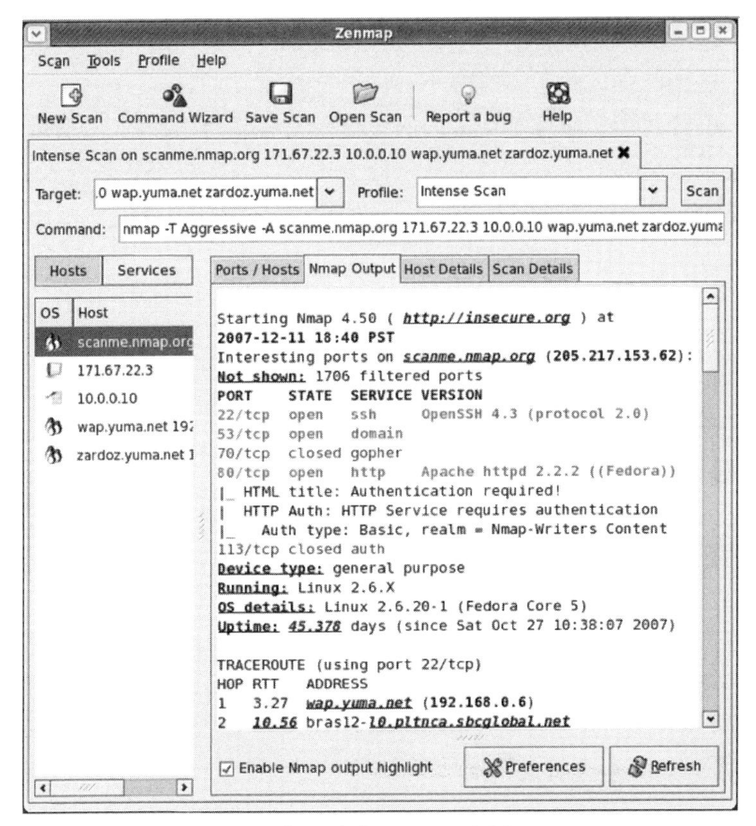

图 7.1　工作中的 Zenmap 示例，来自 Zenmap 主页(https://nmap.org/zenmap/)

7.14　小结

在本章，学习了一些 Nmap 的基本功能，介绍了 NSE 不同的脚本类别，讨论了 Nmap 可使用的脚本类型并探讨了如何使用一种 GUI 来减少重复任务固有的复杂性。当然，该 GUI 还可以帮助进行分析。

Nmap 支持数百个选项以及白帽和黑帽方案，读者可亲身体验一下这些选项。重要的是学习黑客可能如何接近你的系统，同时使用这些功能强大的工具时要小心谨慎并尊重它们。

不管怎样，破坏其他人的服务器是没有任何乐趣的。同样，阻止他人破坏你的服务器也是一个巨大挑战。因此，NSE 是令人满意且完全合法的。

第8章

恶意软件检测

术语*恶意软件(malware)*包含了大量不受欢迎的用来破坏计算机的软件。例如，恶意软件的部分列表可能包括了病毒、间谍软件、木马以及蠕虫。此类软件的快速扩展应该引起所有水平的用户注意，不管是新手还是经验丰富的管理员。恶意软件的影响范围非常之广，从基本上无害的恶作剧到个人信息(比如银行账户信息)的窃取，以及拒绝服务。

虽然新闻中关于恶意软件所制造的恐怖报道时多时少，但每个经验丰富的系统管理员都知道不存在完全安全的系统。尽管存在大量针对 Windows 系统的病毒和恶意软件威胁，但所有 Unix 类型计算机的用户应该还记得这些威胁也存在于他们的系统中。

R-fx Networks(https://www.rfxn.com)研发了一款流行且复杂的软件包 Linux Marware Detect(LMD)，该软件包有助于减轻 Linux 系统上的恶意软件威胁。接下来，让我们看一下如何使用 LMD 软件包有效地避免 Linux 计算机遭受恶意软件的威胁，但本章所提供的解决方案仅关注恶意软件。

8.1 开始

在开始学习 LMD 之前，先考虑一下恶意软件正常运行需要哪些方面的内容。

8.1.1 定义更新频率

频繁地进行恶意软件签名更新是至关重要的；事实上，如果错过了最新的更新，系统可能就易遭受攻击。如果当前威胁没有被检测到，那么该检测软件本身的体系结构也就没有多少价值了。幸运的是，LMD 会定期进行更新，通过这些更新生成签名、获取社区数据和用户提交信息以及针对活跃的恶意软件威胁的防火墙数据。

LMD 网站提供了关于最新威胁的最新 RSS 订阅，同时还提供了一个商业版本(这也是进行更新的另一个原因)。该订阅可以从 https://www.rfxn.com/feed/找到，其中包含了 LMD 最新发现的恶意软件。

LMD 陈述到，如果一系列恶意软件被曝光，那么大约每天都会进行一次签名更新，甚至更新频率更高。

8.1.2 恶意软件哈希注册表

备受推崇的安全网站 Team Cymru 提供了一个恶意软件哈希注册表(www.team-cymru.org/MHR.html)，其中包含了一个用来比较恶意软件感染的查找服务。根据 LMD 所提供的数据，有超过 30 家主要的反病毒公司使用了该数据来填充他们的数据库。从 LMD 网站可以看到当前报告的威胁数量，如下所示：

```
DETECTED KNOWN MALWARE: 1951
% AV DETECT (AVG): 58
% AV DETECT (LOW): 10
```

```
% AV DETECT (HIGH): 100
UNKNOWN MALWARE: 6931
```

LMD 网站持续研究了一些用来衡量其他恶意软件产品成功命中和失误的得分，得出了以下令人担心的结论。

通过使用 Team Cymru 的恶意软件哈希注册表，可以看到 LMD1.5 提供了 8883 个恶意软件哈希码，其中 6931 个(或者 78%的)威胁是 30 家商业反病毒以及恶意软件产品所没有发现的。而被检测到的 1951 种威胁中，平均检出率为 58%，而最低和最高检出率分别为 10%和 100%。这无疑表明，需要一个开放且社区驱动的恶意软件修复项目，并主要关注多用户共享环境下所面临的威胁。

通过该 LMD 网站引用可以看到，商业反恶意软件产品中存在大量的失败产品。LMD 旨在填补市场上的空白点，同时也提倡开放讨论和合作，厂商之间共享已知的威胁信息。

8.1.3　普遍的威胁

在撰写本书的时候，LMD 声称在其数据库中保存了 10 822 个恶意软件签名。查看一下图 8.1 所示的内容，可以看到 LMD 数据库排名前 60 位的最普遍威胁。与你所想的一样，当今世界最流行的服务器端脚本语言 PHP(https://www.php.net)是一个常见的攻击途径。而对于功能强大的 Perl 语言而言，情况可能更加严重。

```
base64.inject.unclassed       perl.ircbot.xscan
bin.dccserv.irsexxy           perl.mailer.yellsoft
bin.fakeproc.Xnuxer           perl.shell.cbLorD
bin.ircbot.nbot               perl.shell.cgitelnet
bin.ircbot.php3               php.cmdshell.c100
bin.ircbot.unclassed          php.cmdshell.c99
bin.pktflood.ABC123           php.cmdshell.cih
bin.pktflood.osf              php.cmdshell.egyspider
bin.trojan.linuxsmalli        php.cmdshell.fx29
c.ircbot.tsunami              php.cmdshell.ItsmYarD
exp.linux.rstb                php.cmdshell.Ketemu
exp.linux.unclassed           php.cmdshell.N3tshell
exp.setuid0.unclassed         php.cmdshell.r57
gzbase64.inject               php.cmdshell.unclassed
html.phishing.auc61           php.defash.buno
html.phishing.hsbc            php.exe.globals
perl.connback.DataCha0s       php.include.remote
perl.connback.N2              php.ircbot.InsideTeam
perl.cpanel.cpwrap            php.ircbot.lolwut
perl.ircbot.atrixteam         php.ircbot.sniper
perl.ircbot.bRuNo             php.ircbot.vj_denie
perl.ircbot.Clx               php.mailer.10hack
perl.ircbot.devil             php.mailer.bombam
perl.ircbot.fx29              php.mailer.PostMan
perl.ircbot.magnum            php.phishing.AliKay
perl.ircbot.oldwolf           php.phishing.mrbrain
perl.ircbot.putr4XtReme       php.phishing.ReZulT
perl.ircbot.rafflesia         php.pktflood.oey
perl.ircbot.UberCracker       php.shell.rc99
perl.ircbot.xdh               php.shell.shellcomm
```

图 8.1　根据 LMD 数据，最普遍的前 60 种攻击

8.1.4　LMD 功能

LMD 功能组只是一小部分。从图 8.2 中可以看到文档中所列出的所有功能。

```
.: 2 [ FEATURES ]

- MD5 file hash detection for quick threat identification
- HEX based pattern matching for identifying threat variants
- statistical analysis component for detection of obfuscated threats (e.g: base64)
- integrated detection of ClamAV to use as scanner engine for improved performance
- integrated signature update feature with -u|--update
- integrated version update feature with -d|--update-ver
- scan-recent option to scan only files that have been added/changed in X days
- scan-all option for full path based scanning
- checkout option to upload suspected malware to rfxn.com for review / hashing
- full reporting system to view current and previous scan results
- quarantine queue that stores threats in a safe fashion with no permissions
- quarantine batching option to quarantine the results of a current or past scans
- quarantine restore option to restore files to original path, owner and perms
- quarantine suspend account option to Cpanel suspend or shell revoke users
- cleaner rules to attempt removal of malware injected strings
- cleaner batching option to attempt cleaning of previous scan reports
- cleaner rules to remove base64 and gzinflate(base64 injected malware
- daily cron based scanning of all changes in last 24h in user homedirs
- daily cron script compatible with stock RH style systems, Cpanel & Ensim
- kernel based inotify real time file scanning of created/modified/moved files
- kernel inotify monitor that can take path data from STDIN or FILE
- kernel inotify monitor convenience feature to monitor system users
- kernel inotify monitor can be restricted to a configurable user html root
- kernel inotify monitor with dynamic sysctl limits for optimal performance
- kernel inotify alerting through daily and/or optional weekly reports
- HTTP upload scanning through mod_security2 inspectFile hook
- e-mail alert reporting after every scan execution (manual & daily)
- path, extension and signature based ignore options
- background scanner option for unattended scan operations
- verbose logging & output of all actions
```

图 8.2　LMD 所提供的功能列表

可以看到，除了提供更巧妙的威胁检测外，LMD 还负责将综合报告与威胁隔离结合起来，并具有其他功能。LMD 每天还可以通过电子邮件接收到总结报告(通过一次 cron 任务来完成)，从而确定检测系统按照预期的方式运行。此外，稍后还会介绍 LMD 直接嵌入到 Apache 以及直接对用户的文件上传进行监控的能力。如果这是用户向系统提交文件的唯一方法，那么显然这是一个不错的选择。

8.1.5　监控文件系统

使用 inotify 是监控文件系统上所发生更改的最新方法。针对该功能，需要一个正确运行的兼容内核。不必担心，据报道，从版本 2.6.13 之后，inotify 已经包括在 Linux 内核中，所以大多数 Linux 版本都具有该功能。

复杂的 inotify 可以实时地监控单个文件以及整个目录所发生的更改，如果发现了任何更改，则会向配置软件发信号。如果用户空间软件被更改了，那么 inotify 会将其视为一个事件并马上报告。

通过创建一个监控列表，inotify 可以跟踪与监控列表中每一项相关联的监控描述符(watch descriptors)。虽然 inotify 并不会将更改了文件或者目录的用户或进程的详细信息传递出去，但对于大多数应用程序来说，被告知文件或目录发生了更改已经足够了。如果 inotify 不可用，那么也可以会使用较老的方法，即轮询文件系统或者手动运行扫描。此时，在检查网络文件系统上的变化情况时，任何已配置软件都需要根据预先确定的频率对文件系统进行轮询。这是因为远程文件系统更难跟踪。

遗憾的是，pseudo 文件系统(包括了/proc、/sys 以及/dev.pts)对 inotify 并不可见。然而，对此并不需要过多的关注，因为“真正的”文件并不存在于这三个路径中，而存在于一个系统的短暂运行中，且经常改变。

8.1.6 安装

接下来让我们看一下如何在 Debian 和 Red Hat 衍生产品上安装 LMD。首先，在 Red Hat 上使用下面的命令检查 wget 软件包是否已安装：

```
# yum install wget
```

而在 Debian 上则使用下面的命令：

```
# apt-get install wget
```

默认情况下，许多发行版本都包括了 wget，所以上述步骤并不是必需的。

如果想要 LMD 与 inotify 配合使用，从而更有效地使用 LMD，还可以安装 inotify-tools；可以从 https://github.com/rvoicilas/inotify-tools/wiki 下载 inotify-tools 以及相关的文档。

然而，如果想要从包管理器中安装该工具，可以使用下面的命令(假设你正在使用 Red Hat 的后代产品)：

```
# yum install inotify-tools
```

对于那些使用 Debian 后代产品的计算机来说，则应该运行下面的命令：

```
# apt-get install inotify-tools
```

如果上述命令在 Debian 上无法运行，则可以尝试以下过程。该过程一定可行，因为我曾经想要看一下在 Ubuntu 14.04 LTS 上安装 LMD 有多么容易，所以尝试了以下过程。首先需要添加 Universe 存储库，以便成功将 inotify-tools 软件包安装到/etc/apt/sources.list 文件中，如下所示：

```
deb http://us.archive.ubuntu.com/ubuntu trusty main
universe
```

如果你正在运行其他版本，那么可以使用 precise 或者其他 Ubuntu 版本代号替换 trusty。然后，使用下面的命令更新软件包列表：

```
# apt-get update
```

随后运行最后的 Ubuntu 命令，如下所示：

```
# apt-get install inotify-tools
```

对于 Debian 存储库，可以以相同的方式完成添加(使用 Debian 版本名称替换 trusty)。该部分内容留给读者自己去实践。

由于在撰写本书的时候，LMD 软件包并不在包存储库中，因此可按下面的方法下载并安装 LMD：

```
# cd /usr/local/src/
# wget
http://www.rfxn.com/downloads/maldetect-current.tar.gz
# tar -xzf maldetect-current.tar.gz
# cd maldetect-*
# sh ./install.sh
```

一旦运行了 install.sh 脚本(上述命令的最后一行)，就应该可以看到包含以下内容的输出：

```
Linux Malware Detect v1.5
          (C) 2002-2015, R-fx Networks <proj@r-fx.org>
          (C) 2015, Ryan MacDonald <ryan@r-fx.org>
This program may be freely redistributed under the terms
of the GNU GPL
installation completed to /usr/local/maldetect
config file: /usr/local/maldetect/conf.maldet
exec file: /usr/local/maldetect/maldet
exec link: /usr/local/sbin/maldet
exec link: /usr/local/sbin/lmd
cron.daily: /etc/cron.daily/maldet
maldet(6617): {sigup} performing signature update check...
maldet(6617): {sigup} local signature set is version
2015112028602
```

```
maldet(6617):{sigup} latest signature set already installed
```

当然,如果你对 install.sh 脚本进行了编辑(尤其是更改了 inspath 变量),那么所选择的安装路径可能会有所不同。同时可以看到,还接收到了一条关于如何更新 LMD 签名的提示。

8.1.7 监控模式

安装完 LMD 软件包后,接下来看一下 LMD 能够对系统上的那些内容进行监控。首先介绍一下 LMD 的监控模式。

LMD 提供了许多可配置的监控模式,以便对文件系统的不同部分进行检查。如你所见,LMD 使用了被称为 Maldet(malware detect 的简写)的二进制可执行文件。

如果想要监控某一系统组件,可以使用-m 选项,也可以写为--monitor。LMD 可监控的内容可分为用户、文件和路径。LMD 网站提供以下的示例来演示在命令行中如何使用这三种模式。

```
# maldet --monitor users
# maldet --monitor /root/monitor_paths
# maldet --monitor /home/mike,/home/ashton
```

通过使用第一个选项--monitor users,LMD 将对系统上那些高于最小 UID 设置的 UID(Unique IDentifiers,唯一标识符)进行监控(也可在配置文件中设置 notify_minuid 配置选项)。

第二个监控示例是一个文件,其中包含了想要进行监控的文件(以换行的方式进行分隔)。在本示例中,该文件列表位于文件/root/monitor_paths 中。

对于第三个选项,通过添加一个逗号分隔的文件系统路径列表,可以创建一个非常长的命令行。

图 8.3 显示了运行下面的命令所产生的输出:

```
# maldet -m /home/ubuntu
```

```
ubuntu maldetect-1.5 # maldet -m /home/ubuntu
Linux Malware Detect v1.5
            (C) 2002-2015, R-fx Networks <proj@rfxn.com>
            (C) 2015, Ryan MacDonald <ryan@rfxn.com>
This program may be freely redistributed under the terms of the GNU GPL v2

maldet(16624): {mon} added /home/ubuntu to inotify monitoring array
maldet(16624): {mon} starting inotify process on 1 paths, this might take awhile...
maldet(16624): {mon} inotify startup successful (pid: 16723)
maldet(16624): {mon} inotify monitoring log: /usr/local/maldetect/logs/inotify_log
ubuntu maldetect-1.5 #
```

图 8.3　当请求 LMD 监控某一特定路径时所看到的内容

8.2　配置

LMD 的主配置文件为/usr/local/maldetect/conf.maldet，该文件包含了很好的注释，有助于理解 LMD 更喜欢如何被设置。

然而，在开始之前先提醒一句：LMD 配置文件不使用星号作为通配符，而是使用问号。因此，应该使用字符？而不是*来代替配置选项中的多个字符。除了这个小提醒之外，其他的使用相对比较容易。

8.2.1　排除

接下来，学习一下如何设置 LMD。LMD 文档一开始就要求我们考虑一下想要忽略系统中的哪些元素。与前面介绍监控模式时所使用的方法一样，通过填充文件的方式来实现上述功能。下列配置文件中的每一个条目都应该占用独立的一行。

对于那些不希望被 LMD 所检查的文件，可以将这些文件的完整文件路径添加到文件/usr/local/maldetect/ignore_paths 中。

此外，通过在文件/usr/local/maldetect/ignore_file_ext 中添加类似.jgp 的条目，还可以在全局范围内排除特定的文件扩展名。

某些 LMD 签名可能会因为某些原因而导致不必要且无用的日志条目和警报。通过向文件/usr/local/maldetect/ignore_sigs 中添加一个签名(比如 php.mailer.10hack)，可以禁用某些签名。

最后一个排除选项意味着可以使用复杂的正则表达式来一次匹配多个文件系统路径。只需要向文件/usr/local/maldetect/ignore_inotify 添加一个列表即可，其格式如下所示：

```
^/home/premium-user-$
```

显而易见，通过使用正则表达式，文件匹配的可能是无穷无尽的。无论何时允许一名新用户登录到服务器，都可以使用正则表达式来避免对配置信息进行手动修改。上面所示的正则表达式示例指出，可以使用一种用户名格式对一组特定用户进行命名，比如premium-user-123456。

8.2.2 通过 CLI 运行

LMD 的 CLI 选项(Command Line Interface，命令行界面)非常周密并且使用起来也比较容易。读者可以自己研究一下这些选项，在此只介绍一些关键的选项。

如前所述，LMD 的可执行二进制文件被称为 maldet。接下来让我们首先在后台运行 LMD，并检查一个特定的文件系统路径。通过下面的示例可以了解如何在后台运行大范围的扫描(使用-b)，如下所示：

```
# maldet -b -r /home/?/public_html 7
```

在本示例中，使用选项-b 完成后台扫描，并且对最近七天(由命令中的字符 7 所设定)内修改过的文件进行检查。运行该命令的语法和可选方式为--scan-recent PATH DAYS。

8.2.3 报告

接下来看一下 LMD 如何生成报告。图 8.4 显示了一个已生成的报告。

```
HOST:       ubuntu
SCAN ID:    151212-1648.17013
STARTED:    Dec 12 2015 16:48:59 +0000
COMPLETED: Dec 12 2015 16:49:00 +0000
ELAPSED:    1s [find: 0s]

PATH:           /home/*/public_html
RANGE:          7 days
TOTAL FILES:    1
TOTAL HITS:     0
TOTAL CLEANED: 0

===============================================
Linux Malware Detect v1.5 < proj@rfxn.com >
```

图 8.4　LMD 完成一次扫描后生成的报告(使用 madet --report 命令)

如果想要查询特定的报告，需要使用 SCANID。它是一个唯一引用(可以在接近图 8.4 顶部的位置看到)，运行完命令后，给出所运行的最后一个 LMD 命令的相关报告：

```
# maldet --report
```

一旦知道 ID，就可以手动地以电子邮件的方式将报告发送给自己，如下所示：

```
# maldet -e, --report SCANID chris@binnie.tld
```

如果想要查询特定的 SCANID(SCANID 名称包含了一个格式化的时间戳，例如，在本示例中，010116 表示日期，而名称的其他部分则表示时间)，则可使用下面所示的命令：

```
# maldet --report 010116-1111.21212
```

如果使用的是--log 或-l 选项，那么这些选项也是很有帮助的：

```
# maldet --log
```

通过运行该命令，可以看到 LMD 的日志事件。在本示例中，虽然到目前为止只运行了几条命令，但日志文件中已经包含了相当数量的详细信息。上述命令显示了文件/usr/local/maldetect/logs/event_log 中最新的 50 行信息。如果在这 50 行信息中没有找到所需的信息，那么可以对该文件进行进一步查询。在我看来，LMD 所记录的详细信息的级别暗示了另一个复杂且设计良好的包。

8.2.4 隔离和清理

LMD 文档指出，当 LMD 发现了邪恶文件时，默认情况下并不会进行处理。因此，大多数情况下，需要手动隔离这些恶意软件。

如果你确定想要启用自动隔离功能，那么可以通过在主配置文件(默认情况下，该配置文件位于/usr/local/maldetect/conf.maldet)中设置配置选项 quar_hits=1 来启动该功能。

如果想要通过一次特定的扫描隔离所有的恶意软件，则可以使用-q 选项(等同于--quarantine SCANID)，如下所示：

```
# maldet -q 010116-1111.21212
```

如果你觉得犯了一个错误，那么可以通过运行下面的命令根据特定的 SCANID 恢复被隔离的文件，该命令等同于--restore 功能：

```
# maldet -s 010116-1111.21212
```

如果没有被隔离文件可以恢复，那么就会看到如下所示的错误：

```
maldet(18748): {restore} could not find a valid hit list
to restore.
```

如果想要 LMD 尝试对所发现的恶意软件感染进行修复，则可以使用--clean 命令(也可以写成-n 选项)。下面的示例显示了对在特定 SCANID 中发现的恶意软件进行清理的命令：

```
# maldet -n 010116-1111.21212
```

如果一次清理过程被认为是成功的，那么在清理恶意软件感染完之后所完成的扫描必须顺利通过，不能报告任何存在问题的文件的 HIT。

如果你对结果产生怀疑，或者不能确定配置更改是否正确，那么可以使用下面的命令清除所有现有的会话数据、日志以及临时文件：

```
# maldet -p
```

最终结果应该如下所示：

```
maldet(19219): {glob} logs and quarantine data cleared
by user request (-p)
```

8.2.5　更新 LMD

正如一开始所说的那样，LMD 签名的更新是最重要的。为了手动运行一次更新，可以使用-u 命令选项。如果你感到疑惑，可以连接到 rfxn.com 网站，检索相关数据。请手动尝试一下-u，或者--update，如下所示：

```
# maldet -u
```

预期的输出应该如下所示：

```
maldet(19278): {sigup} performing signature update
check...
maldet(19278): {sigup} local signature set is version
2015112028602
maldet(19278): {sigup} latest signature set already
installed
```

通过访问 rfxn.com 网站可以了解到，还有一种更加巧妙的机制来更新当前的安装版本，如下所示：

```
# maldet --update-ver
```

也可以简写为-d。该命令的结果如下所示：

```
maldet(19357): {update} checking for available updates...
maldet(19357): {update} hashing install files and
checking against server...
```

```
maldet(19357): {update} latest version already installed.
```

8.2.6 扫描和停止扫描

图 8.1 显示了使用-m 或--monitor 选项对某一特定路径进行监控的结果。接下来让我们就该部分内容进行扩展。

假设你想要对两个特定的文件系统分区进行监控，因为用户可能会在这两个分区中写入数据。此时可以对以下路径进行监控：

```
# maldet -m /usr/local,/home
```

注意，逗号是用来分离路径的。运行上述命令的输出如图 8.5 所示。请记住，当进行大范围的扫描时，应该像前面那样使用后台选项-b。

```
ubuntu sess # maldet -m /usr/local,/home
Linux Malware Detect v1.5
            (C) 2002-2015, R-fx Networks <proj@rfxn.com>
            (C) 2015, Ryan MacDonald <ryan@rfxn.com>
This program may be freely redistributed under the terms of the GNU GPL v2

maldet(20035): {mon} added /usr/local to inotify monitoring array
maldet(20035): {mon} added /home to inotify monitoring array
maldet(20035): {mon} starting inotify process on 2 paths, this might take awhile...
maldet(20035): {mon} inotify startup successful (pid: 20646)
maldet(20035): {mon} inotify monitoring log: /usr/local/maldetect/logs/inotify_log
ubuntu sess #
```

图 8.5　当 LMD 开始对两个文件系统分区(启用了 inotify)进行监控时所看到的输出

接下来让我们思考一下如何在不使用后台模式的情况下手动扫描一个目录及其子目录。假设允许用户通过 FTP 或 SFTP 将文件上传到一个上传目录中：

```
# maldet -a /home/?/uploads
```

在本示例中，使用 LMD 对所有用户的 uploads 目录进行扫描，并且这些目录都位于 home 目录下(记住，在 LMD 中表示通配符是问号，而不是星号)。

运行完上述的扫描命令后，还提供了一个 SCANID(可以从命令所生成的数据中找到)，以便日后引用：

```
    maldet(28566): {scan} scan of /home/*/uploads (1 files)
in progress...
    maldet(28566): {scan} 1111/1111 files scanned: 0 hits
0 cleaned
    maldet(28566): {scan} scan completed on /home/*/uploads:
    files 1111,
    malware hits 0, cleaned hits 0, time 11s
    maldet(28566): {scan} scan report saved, to view run:
    maldet --report 151212-1724.28566
```

即使扫描时间比预期长，LMD 也可适应这种情况。kill 开关或者-k 选项(也可以写为--kill)可以停止跟踪过程中任何 inotify 实例。如果计算机有效载荷太高，或者你认为某些操作没有按照预期的方式进行，那么该选项是对可用选项的有益补充。

8.2.7　cron 作业

LMD 自带了一个日常 cron 作业(位于/etc/cron.daily/maldet)。该作业将更新签名并清理扫描数据，以便保留最新的 14 天的数据，同时还可以根据所指定的配置完成日常扫描。

请注意，在 cron 任务执行间隙，会话数据以及临时文件会被保留下来。这样一来，如果你认为结果不够准确，则需要运行前面所推荐的-p 选项来清理这些文件。

如果想要每天早上接收到每日报告，则应该设置电子邮件配置参数。出于电子邮件归档的原因，同时也为了确定扫描每天都会发生并且没有失败，进行日常更新是很有价值的。

8.2.8　报告恶意软件

通过前面的学习，你已经知道 LMD 非常复杂且构造良好，因此，应该会毫不奇怪地发现 LMD 针对上传的可疑文件提供了一种简单的机制来进行分析。如果这些文件被证明被未知的恶意软件所感染，那么就会创建新的签名并添加到 LMD 的已知威胁中，以便其他用户可以识别该恶意软件。下面所示的命令将相关文件发送回 LMD 进行相关检查，其中使用了--checkout 功能(也可写成-c 选项)：

```
# maldet -c suspicious_file.gz
```

当执行该命令时，文件会被提交到 rfxn.com，并在适当的时候进行检查。

8.2.9 Apache 集成

在本章的开头，我曾经简要地提到了 LMD 所包含的一项功能，即将 LMD 与 Apache mod_security2 模块进行集成。LMD 文档解释到，该功能使用了可扩展 Apache 模块的 inspectFile 挂钩功能，从而能够运行验证脚本，以便确定上传操作是成功或失败。例如，在 Apache 配置文件中，可看到以下条目(摘自 LMD 文档)：

```
SecRequestBodyAccess On
SecRule FILES_TMPNAMES "@inspectFile
/usr/local/maldetect/hookscan.
sh" \

"id:'999999',log,auditlog,deny,severity:2,phase:2,t:
none"
```

通过以上设计，可自动对用户上传的每个文件进行扫描，从而显著减少系统上的威胁数量，特别是在大量用户频繁地上传文件时，该设计更突显其价值。

该文档还详细介绍了默认选项是如何考虑性能和准确性的。如果你对这些内容感兴趣，我建议查看一下捆绑的 README 文件，以便了解更多信息。

8.3　小结

在本章，除了学习 LMD 之外，还介绍了用来实时对文件系统更改进行检查的 inotify 机制。聪明且高效的 inotify 可以在不显著增加系统有效载荷的前提下对恶意软件进行实时检查。

由于 Android 智能手机目前占全球市场 80%以上的份额，因此毫无疑问，在未来，那些针对 Android 设备上的漏洞所编写的恶意软件将会很快出现在 Linux 用户设备以及服务器上。

通过启用实时文件系统检查以及使用诸如 LMD 之类的复杂工具，应该可以显著减少被恶意软件感染的风险。LMD 最初是为那些提供共享主机的服务器而设计的，因为 LMD 的编写人员认为用户账户攻击途径已经被大多数产品所遗忘了，而通常关注内核和 Rootkit 感染。

然而，请首先在测试环境中尝试安装 LMD，并熟悉它的运作方式，我相信，在你的生产计算机上，LMD 绝对是值得考虑使用的产品。

第 9 章

使用 Hashcat 进行密码破解

最近，有两款复杂的安全工具吸引了我的眼球。它们在很多新闻中被突出报道，因为它们以开源方式发布，从而导致在 GitHub 上许多的开发人员疯狂地寻找该工具的源代码。这两款工具分别是 Hashcat 和 oclHashcat。Hashcat(https://hashcat.net/hashcat)大胆地将自己称为“世界上最快的基于 CPU 的密码恢复工具。”而它的近亲 oclHashcat 则使用了 GPU(Graphics Processing Unit，图形处理单元)来完成密码恢复的过程(这与 Hashcat 基于 CPU 的方法完全不同)。因此，基于 GPU 的 oclHashcat 比 Hashcat 更快。

虽然这些工具在合法地抢救丢失的密码方面是非常有用的，但也可以使用它们实现一些不可告人的目的。不言而喻，应该合理地使用这些功能强大的工具。它们应该由法医科学家和渗透测试人员使用，但如果你在计算机上发现了类似工具存在的痕迹，则应该引起警觉。

接下来让我们看一下在密码丢失的情况下这些工具是如何扭转乾坤的，同时还会讨论黑客如何对密码进行攻击。

9.1 历史

另一款用来获取密码的流行且古老的安全工具是 John the Ripper，它的起源可以追溯到很多年前。而 Hashcat 则是在 2009 年出现，并且可以使用多线程 CPU 进行密码破解。当时，虽然其他工具的开发人员已经开始使用 CPU 所有的可用核心功能，但没有一款工具可以做到非常完美而不需要补丁程序。当开发人员开发 Hashcat 时，充分利用了现代 CPU 的处理能力，并且显著地加快了密码恢复过程。

在 Hashcat 的早期发布版本中，使用许多不同的名称，比如 atomcrack、Dr.Hash，因此导致了极大的混乱。直到版本 0.30 的发布，才使用了目前大家所熟知的(并且我确信你将会开始喜欢使用该工具)名称 Hashcat。

9.2 了解密码

了解一下密码系统的工作方式是很有帮助的。在开始详细介绍 Hashcat 之前，我将会使用 Linux 系统作为例子。

9.2.1 密钥空间

了解密码学中密钥空间(Keyspace)的概念是非常重要的。它关系到一款密码破解工具将花费多少精力来进行密码破解。

简单地说，密钥空间就是在生成某一特定密钥时可使用的密钥集合。NIST(National Institute of Standards and Technology，美国国家标准与技术研究院)将密钥空间描述为“一个密钥(比如密码)可能值的总数。”

此外，还描述到“常用密码中所使用的密钥空间组成部分即为构成密钥所使用的‘字符集(Character Set)’”。

换言之，在一个密码中，可仅使用键盘上(或者当前区域设置字符集中)可用的字符，这些字符代表了密码的密钥空间。

即使是单个字符也可拥有一个包含 10 个字符的密钥空间，如果该字符是单个数字，那么密钥空间为从 0 到 9。

通过增加密码的长度以及字符集的大小，可以提高密码的安全性。例如，据报告，如果一个密码包含了 16 个字符，并且所使用的字符集大小为 10，那么该密码将拥有一个包含 10 000 000 000 000 000 可能值的密钥空间，相对于单个字符所对应的 10 个字符的密钥空间，包含 16 个字符的密码更难被攻击。

网站 https://howsecureismypassword.net 鼓励你尽量提高密码的安全性。

这个简单却又高级的网站使用了基本术语并讨论可能的组合(相对于密钥空间)。如果在输入完密码之后点击输入框下面的 SHOW DETAILS 链接，将会看到所输入的密码到底有多安全。例如，在输入了一个字符长度的密码后，会显示下面所示的输出：

```
Length 1 characters
Character Combinations 10
Calculations Per Second 4 billion
Possible Combinations 10
```

而下面的内容应该引起你的高度重视。网站 How Secure Is My Password 上功能强大的密码工具给出以下报告：在标准的桌面计算机上，个位数密码的破解时间大约为 0.0 000 000 025 秒。想象一下，如果结合使用了多个显卡的处理能力，那么破解速度将会有多快。

相比之下，可以尝试一种更聪明的做法，请在下面的示例中输入一个包含 16 个字符的密码，然后看一下会发生什么事情。顺便说一下，由于使用了计算机的默认字符集，因此前面所看到的 10 字符长度的字符集可能就不适用了。

我输入的密码组合了大写和小写字母字符、数字以及特殊字符，如下所示：

```
Rx951&RTdIp-"2YT
```

这种情况下，该网站报告了一个更加令人安慰的破解时间，412兆年。从下面的输出可以看出，包含了一些新的词汇(至少对于我来说是第一次见)。显而易见，单词 nonillion 表示一个后面跟了 30 个零的数字(在美国)或者一个后面跟了 54 个零的数字(在英国)。

```
Length 16 characters
Character Combinations 96
Calculations Per Second 4 billion
Possible Combinations 52 nonillion
```

通过该示例可以看出，相对于简单的单个字符密码，标准的 8 个字符的“复杂”密码更加安全。

9.2.2 哈希

上面已经讨论过，复杂的密码可大大增加攻击者破解密码所付出的精力。接下来讨论一下密码破解。首先给出一个解释。

顾名思义，Hashcat 主要是处理密码哈希。在密码学中，创建一个哈希需要将一个字符串(比如一个密码)转换为一组字符数字(在一定程度上类似于一个指纹)。并且该转换是不可撤消或逆转的(更准确地说，在现实中是很难实现的)。

下面列举两个 MD5 示例。首先是单词 hello 对应的 MD5 哈希：

```
5d41402abc4b2a76b9719d911017c592
```

其次是首字母大写的 Hello 对应的 MD5 哈希：

```
8b1a9953c4611296a827abf8c47804d7
```

可以看到，单个大写字母的变化会引起 MD5 哈希的不同。

如果使用另外的单词 Hello There，那么得到的 MD5 哈希为

```
32b170d923b654360f351267bf440045
```

两个单词对应的 MD5 哈希与一个单词对应的 MD5 哈希在长度上是相同的。也就是说哈希通常都是相同的长度，因此可以说一个由看似不相关的字符组成的字符串也符合某一标准。

现在，思考一下第二个问题，为什么不在 Linux 服务器上对密码进行加密，然后当用户登录时再对系统的密码文件进行解密。答案很简单，因为对数据进行加密的过程是可逆的，因此相对于对密码进行加密，使用一个单向函数可能更好。那些读取了/etc/shadow 文件的人会惊讶地发现，他们记住的根本不是用户的密码，而是密码的加盐哈希版本。

为什么 Linux 中/etc/shadow 密码文件的某一条目看起来像下面所示的那样奇怪呢？它看起来像某种类型的加密。

```
chrisbinnie:$6$TRIYWb5l$ef6Tm54qpV2nYCn6f20b7w/
5nvp8zpsjacFqeTwqx7fCeW3plG2pkKsGgf1CtWzWhHOPWykFGrf
PGmCde4HWY/
:12231:3:32:11:32::
```

用户 chrisbinnie 拥有了一个非常长的条目，因为 Shadow Suite 使用了一个盐值(salt)，从而进一步加强密码的安全。默认情况下，当用户在 Linux 系统上输入一个密码时，将使用该盐值。

例如，在 Linux 的 crypt 包中，盐值是一个从某一字符集中选择的包含两个字符的字符串。这些字符可以是英语字符集(a~z、A~Z、0~9)中的任何字符。在选择了一个盐值之后，可以使用 4096 种不同的方法对用户密码进行哈希处理。并将该盐值保存在加密的密码中。

让我们进一步思考一下 Linux 密码。现代的 Linux 系统使用 Shadow 密码提供了密码的安全性。在以前，密码都被存储在/etc/passwd 文件中，并且系统上的每个用户都可以读取。然而，对于/etc/shadow 文件来说，只有 Root 用户可以读取，从而使其他策略能得到适当的执行，比如密码老化。

用户登录过程是这样的。首先，当用户登录计算机时，从 /etc/shadow 文件中该用户相关的条目中读取盐值。然后使用所读取的盐值对用户所输入的密码进行编码。最后将编码的结果与 /etc/shadow 文件中所保存的密码进行对比。如果两者相同，则允许用户访问。该方法巧妙而简单。

攻击密码列表的一种常用方法是事先知道许多常用密码的哈希，然后将它们与所有可用的 4096 个盐值进行组合。该攻击被称为字典攻击。

如今据说，一个安全的密码系统最低限度的规范是包括一个最新的哈希算法以及加盐的哈希。流行的哈希算法包括 SHA256、SHA512、whirlpool、tiger、ripend 以及 SHA3。每种算法都有一些不同的属性。

这些算法不应该与加密算法(比如 3DES、Triple DES、Crypt、Blowfish 以及 Rijndael)相混淆。

9.3 使用 Hashcat

设计精巧且使用方便的 Hashcat 提供了许多示例哈希和密码字典(wordlists)。接下来让我们看一下如何使用它们。

9.3.1 Hashcat 的能力

密码破解工具的一般方法往往是导入一个包含加密数据的密码文件，然后对该文件进行处理之后生成一个输出文件。接下来看一下使用 Hashcat 工具时可以使用的一些选项。稍后还会介绍一些该软件套件中所提供的其他工具。

Hashcat 支持许多不同类型的哈希算法，比如 MD5、SHA1 和 NTLM。事实上，如果我计算准确的话，该数量可能会超过 90 种。Hashcat 声称它超过了许多流行应用程序的 MD5 版本，比如

WordPress 和 Cisco-ASA，以及 Drupal7 密码。除了令人深刻的算法支持之外，还可以使用许多不同的攻击模式，包括暴力破解密码、字典攻击、基于规则的攻击以及指纹攻击。

9.3.2　安装

在撰写本书时，Hashcat 的最新版本为 v2.00。如果想要安装 Hashcat(假设你无法在自己的发行版本库中找到该工具)，那么可以访问以下的网站并下载最新的二进制文件。V2.00 的直接链接为 https://hashcat.net/files/hashcat-2.00.7z。

可在 Web 页面 https://hashcat.net/hashcat/的顶部看到版本 v2.00 的连接。此时，应该检查该页面，以确保下载的是最新的可用版本。

下载完毕后，接下来的工作就是对.7z 文件进行解压，并确保拥有足够的权限将文件解压到相关的目录中。如果是在 Debian 衍生产品上进行解压操作，那么可以使用下面的命令安装 7za 软件包：

```
# apt-get install p7zip-full
```

而在 Red Hat 衍生产品上，则需要添加一个存储库。请使用以下命令：

```
# yum install p7zip p7zip-plugins
```

接下来，运行 7za 文件，对压缩文件进行解压并将解压目录命名为 x，如下所示：

```
# 7za x hashcat-2.00.7z
```

注意，按照通常的惯例，在 x 之前应该有一个减号，但此时却没有。这并不是一个错字。

完成上述操作后，现在可使用 cd 进入新创建的目录 hashcat-2.00/，其中包含了许多文件和子目录。你可能特别感兴趣的是 docs 和 examples 目录，从中可能找到想要的内容。别担心，稍后我们将学习如何运行 Hashcat 可执行文件。

顺便说一下，如果你对最新的开发版本感兴趣，那么可以访问一个 GitHub 页面 https://github.com/hashcat/hashcat。其中所包括的文件以及 wiki 的链接你应该会兴趣。

如果正在运行复杂的渗透测试套件 Kali Linux，那么则应该按照以下的方式安装 Hashcat，因为它是内置的：

```
# apt-get install hashcat
```

9.3.3 哈希识别

在使用 Hashcat 之前，还需要考虑几件事情。首先，需要知道试图恢复密码所用的哈希类型。

接下来，让我们先想一下 Linux 用户密码。默认的哈希算法会随着时间的推移而定期更换，同时还可以分布依赖(distribution dependent)。在过去，常用的算法是 MD5 和 DES，但如今 SHA512 也被普遍使用了。

如果可以确定正在攻击的是什么类型的哈希，那么对 Hashcat 是很有帮助的。可以运行下面的命令发现所使用的哈希算法：

```
# authconfig --test | grep hash
```

如果你所关心的是计算机的安全，并且想要升级计算机的 Shadow 密码所使用的哈希算法，那么可以使用下面的命令：

```
# authconfig --passalgo=sha512 --update
```

在本示例中，可以使用 sha256 替换 sha512。然而注意，为让该更改生效，需要让用户更改他们的密码，以便将密码转换为新的哈希类型。可以使用下面所示的命令让用户的密码过期，从而强制下次登录时更改密码：

```
# chage -d 0 chrisbinnie
```

示例中的change age命令将过期日期设定为1970年1月1日，从而确保它总是早于系统时钟的当前设置。

接下来，再看一下/etc/shadow中用户chrisbinnie的条目：

```
chrisbinnie:$6$TRIYWb5l$ef6Tm54qpV2nYCn6f20b7w/
5nvp8zpsjacFqeTwqx7fCeW3plG2pkKsGgf1CtWzWhHOPWykFGrf
PGmCde4HWY/
:12231:3:32:11:32::
```

此时，不需要运行authconfig命令来确定该示例项正在使用SHA512哈希，只需要参考表9.1中的编码来进行推断即可。

表9.1　如何确定哈希算法

符号	哈希算法
$0	DES
$1	MD5 Hashing
$2	Blowlish
$2A	Eksblowfish
$5	SHA256
$6	SHA512

在该Shadow密码示例中，直接在用户名后面夹着两个美元符号，共有三个字符：6。通过表9.1可以知道，/etc/shadow密码正在使用SHA512。这是一个非常好的消息，因为SHA512是一种强大的算法。

密码条目接下来的部分(6之后，直到下一个美元符号为止)是一个盐值(此时为TRIYWb51)。

下一个部分是使用该盐值编码的密码(在美元符号之后，直到第一个冒号为止)。在此之后的其他部分(冒号内的内容)提供了该系统一些相关的登录信息，比如用户密码过期的时间，最后一次更改密码的时间等。

如果想要判断一下是否在使用一种更强的算法，可以考虑以下情况：根据 Fedora 介绍，从 Fedora 8 开始，glibc 软件包支持 SHA256 和 SHA512 哈希。因此，从 Fedora 9 之后，可以使用 SHA256 和 SHA512 进行编码。

如果遇到任何问题，可以查看网站 http://verifier.insidepro.com，确定 Hashcat 所使用的哈算法。此时，虽然我成功识别了所使用的示例哈希(该哈希是使用另一个不同网站的工具所生成的)，但需要提醒一下，有时可能会花费比较长时间来识别一种未知类型的哈希算法。

接下来，尝试运行下的命令，使用一个盐值生成一个 MD5 密码(需要安装 openssl)：

```
# openssl passwd -1 -salt 123 PASSWORD
$1$123$YPya29UI1XS9hz1d231tx/
```

通过运行该命令的结果，可以看到1和 123 与编码密码相关联。

有时，还可以运行一个 MD5 哈希测试，如下所示(没有使用盐值)：

```
# echo PASSWORD | md5sum
8b04b6229e11c290efd5cd8190aa9261  -
```

通过访问 http://unix.stackexchange.com/questions/81240/manually-generate-password-for-etc-shadow，可以找到其他手动生成密码的方法。

9.3.4 选择攻击模式

到目前位置，我们已经了解了哈希的工作方式，接下来让我们继续学习。即使已经知道了正在处理的哈希类型，仍然需要考虑攻击者是如何对可访问的任何编码密码进行攻击的。

前面曾经提到过一种被称为暴力破解攻击的常见攻击模式。这些攻击主要是针对字符，包括 a~z、A~Z、0~9 等(至少使用 U.S.和

U.K.字符集)。

另一种流行的攻击模式是使用密码字典。此时，Hashcat 通过使用预先定义的单词列表来测试它们是否与提交的密码一致。

使用密码字典更复杂的一种方法是添加程序规则，此时，Hashcat 将调用一个基于规则的攻击。通过使用自定义规则，可以更改和扩充单词。通过对 Hashcat 的工作方式进行一些更细微的调整，可以让攻击更加准确和有效。

9.3.5　下载密码字典

如果想要实施一次密码字典(wordlist)攻击，首先需要一个用来检查的密码列表。有几个在线网站声称提供已泄露密码的列表。

下面所列举的网站显然没有参与任何的违法行为。它提供了许多可以下载的密码字典。以英语字典为例，该网站允许将 319 378 个单词下载到一个列表中，以供 Hashcat 使用。可以从 www.md5this.com/tools/wordlists.html 找到这些密码字典(对这些包含了相关单词的 ZIP 文件进行解压也需要密码，该密码可以从 md5this.com 中找到)。

如果你感兴趣，md5this 网站还提供了一个以 python 脚本形式存在的密码字典生成器，可以从 www.md5this.com/tools/wordlistgenerator.html 下载该生成器。该脚本的工作原理是根据网站的内容生成密钥。为运行该脚本，需要将其指向一个网站，以便可以从中获取所需数据。

9.3.6　彩虹表

除了依赖系统的 GPU 或 CPU 的能力之外，还可以依赖系统的存储器(可能使用了数百或数千 GB)。在暴力破解攻击过程中，往往是在一个较长的列表中查找预先计算好的答案列表，而不是在每次尝试中计算一个哈希。这些预先计算好的答案被称为彩虹表(Rainbow Tables)。

击败这种攻击方法的方式有很多种，主要是通过在单向哈希上使用较大的盐值。该方法非常有效，因为每个密码都使用了一个唯一的盐值进行哈希处理，因此每个可能的盐值所计算出来的哈希都需要在彩虹表中对应一个条目及其盐值。

9.4 运行 Hashcat

现在，你已经了解了哈希、攻击模式以及下载密码字典的位置(一旦运行了大量的信息示例之后，该知识就显得非常有用了)，接下来学习一下如何运行 Hashcat。

我的安装目录内容如下所示：

```
charsets/  hashcat-cli32.exe  hashcat-cliXOP.bin
tables/  hashcat
-cli64.app  hashcat-cliXOP.exe
docs/  hashcat-cli64.bin  rules/  hashcat-cli32.bin
examples/
hashcat-cli64.exe  salts/
```

从该目录列表中可以看到许多不同类型的可执行文件。

在此，只需要关注以.bin 结尾的文件就可以了。如果出于某些原因，你的.bin 文件不是立即可执行的，那么通常可以输入 chmod +x<executable>来解决该问题。在本示例，我将使用被称为 hashcatcli64.bin 的 64 位命令行界面版本，因为该版本与我的计算机能力相匹配。

显而易见，上述目录中所示的不同 Hashcat 可执行文件与计算机处理器可能提供的各种功能相适应。其他相关的.bin 文件(文件名中添加了 XOP)代表 eXtended Operations 指令。如果想要进一步地学习 Hashcat 的用法，可以仔细研究一下处理器标志，并确定哪种可执行文件可以充分地利用特定的系统。例如，根据相关论坛中的内容，AMD 处理器芯片适合 XOP 版本。

接下来看一下如何运行 Hashcat 可执行文件。hashcat 命令的语法如下所示：

```
# hashcat [options] hashfile [mask|wordfiles|directories]
```

下载(或者生成)自己的密码字典，并将其保存在 wordlist.txt 文件中。在使用命令 cd examples/进入 examples 子目录之后，考虑下面所示的示例命令：

```
# ./hashcat-cli64.bin -m0 -a0 A0.M0.hash A0.M0.word
```

其中-m 选项意味着正在指定一个 MD5 哈希，而-a0 选项意味着希望 Hashcat 完成一次字典攻击(也被称为直线攻击)。如果指定了-m1800，则表示首选的现代 Unix 哈希算法是 SHA512。

你可能已经猜到，examples 目录中的 A0.M0.hash 文件是一个哈希列表。这些哈希不包括<username>:部分或者附加的密码老化信息(包括之后的冒号)。以上就是收集哈希时应该使用的方法。

A0.M0.word 文件可以作为密码字典使用。

顺便说一下，如果想要将结果直接输出到文件中，而不是屏幕上，那么只需要添加-o<filename>即可，或者当发现密码后想要从保存哈希的文件中删除对应一行时，可以添加--remove。

运行 hashcat 命令的结果如下所示(省略了很多内容)：

```
651e96f9b94e1a3a117eade5e226bd1e:y[N"%e?U{<k[`x<TlG U6Z
465133fae5a994afb03c7158260b2e8d:kCQArZz)It

All hashes have been recovered
Input.Mode: Dict (A0.M0.word)
Index.....: 1/1 (segment), 102 (words), 2769 (bytes)
Recovered.: 102/102 hashes, 1/1 salts
Speed/sec.: - plains, 102 words
Progress..: 102/102 (100.00%)
```

```
Running...: 00:00:00:01
Estimated.: --:--:--:--
```

头两行的冒号之前包含了哈希，而冒号之后是发现的密码。输出的其余内容显示已成功地访问了整个文件。一旦理解了上面的该示例，那么就可以在自己的/etc/shadow 哈希上进行尝试。如果幸运，在运行了调整后的命令后，应该会以纯文本形式显示一个或者更多哈希以及对应的密码。如果没有命中，则可以继续尝试，直到得到满意结果为止。期间可能需要反复试验，以便让事情如预期般运作；我的建议是先从本示例开始学习。如果你坚持尝试其他示例，则会体会到并不是所有的密码都会被马上破解。

也就是说，一旦理解了相关理论并尝试使用过其基础功能，那么 Hashcat 是非常容易操作的。从 Linux 系统管理员的角度看，应该注意服务器所使用的哈希算法。

Hashcat 还有许多选项留给读者自己去研究。例如，如果想在运行命令示例的同时运行规则，则可以使用选项-r rules/specific_rule.rule。

我曾经答应让你看一些相应的哈希值和攻击模式。虽然哈希数量非常多而无法在此完全列出，但 Hashcat 网站 http://hashcat.net/wiki/doku.php?id=example_hashes 提供了这些哈希，并给出了有帮助的详细信息。

表 9.2 显示了可以使用的一些攻击模式以及对应的数字，比如 0 被称为“直线”(换言之，根据一个密码字典进行匹配)。

表 9.2　Hashcat 攻击模式及其对应的数字

数字	攻击模式描述
0	直线攻击(密码字典)
1	联合攻击
3	暴力破解(作为掩码攻击的一部分而运行)
6	混合攻击

接下来简要介绍暴力破解攻击和字典攻击之间的区别。

两种攻击之间的主要区别在于暴力破解攻击必须搜索整个密钥空间，从而找到一个匹配的密码，而字典攻击只需要在一个有限的范围内进行搜索就可以了。因此，字典攻击更加迅速，当然，也有可能无法破解加盐哈希。但这样至少可以很快地意识到这种模式的任何失败。

暴力破解攻击则与之相反，它会持续运行(有时需要运行很长的时间)，直到成功破解密码。只要配置设置正确，总有一天会成功破解密码(即使破解的时间是一百年)。

在其详细在线文档中，Hashcat 指出暴力破解攻击是一种用来发现密码比较旧且不太复杂的方法。目前，Hashcat 在其掩码攻击模式中包含了暴力破解攻击类型(你可能已经从表 9.2 中注意到了这个变化)。

掩码攻击的主要前提是减少密钥空间的大小，从而加快运行速度。Hashcat 文档提供了一个较好的示例，通过使用 Hashcat 的创新技术，可以将密码 Julia1984 的恢复时间从大约 4 年减少到令人吃惊的 40 分钟。

该文档还大胆地声称，相对于暴力破解攻击，运行掩码攻击没有任何劣势，这种可能性是完全存在的。只需要在标准命令的结尾处添加一个掩码就可以完成一次掩码攻击，如下所示：

```
# hashcat -m 1800 -a 0 -o discovered_passwords.txt
--remove hashes.txt
wordlist.txt -1 ?dabcdef
```

此时，所附加的-1 ?dabcdef 要求 Hashcat 浏览字符 0123456789 abcdef。

根据文档说明，掩码-1 ?l?d?s?u 提供了一个完整的 7 位 ASCII 字符集(也被称为 mixalpha-numeric-all-space)。Hashcat 内置了许多的字符集，比如?l(表示从 a~z 所有的小写字符)和?u(表示从 A~Z 的所有大写字符)。

关于掩码攻击的更多详细信息，可以参见 https://hashcat.net/wiki/doku.php?id=mask_attack。

9.5 oclHashcat

使用 oclHashcat 和 Hashcat 都需要类似的知识水平，因为它们都以几乎相同的方式运行。虽然两者之间也存在一些区别——例如，oclHashcat 加载其字典的方式就与 Hashcat 有所不同——如果进一步学习 oclHashcat，会发现其学习曲线是非常缓的。

此外，必要的密码破解计算使用了与前面所介绍的完全不同的系统组件。简单来说，oclHashcat 使用的是显卡，而不是 CPU。目前共有两种不同的软件版本来，每种版本适合两种流行的 GPU：

- cudaHashcat，主要是用在 Nvidia 显卡上
- oclHashcat，主要是用在 AMD 显卡上

相比于 CPU，GPU 运行速度更快(前提是正确地进行了设置)，因为它们是专为处理快速处理数字而设计的，通常用来处理图像。虽然 GPU 的设计目的是提高速度，但是就性能而言，CPU 可以避免额外包含的功能集的影响，从而减少吞吐量。由此可以看出，如果需要计算大量的数据，GPU 是不错的选择，因为它们可以被更好地优化。此外，还可以通过将链接的方式无缝地扩展 GPU 输出，从而更容易地利用两者联合的力量。接下来让你感受一下 GPU 到底有多快，如果你正在使用彩虹表并且划分了密钥空间(US 键盘上可用的 95 个字符)，那么每秒钟可以完成 10 万亿次纯文本测试。

就学习 Hashcat 和 oclHashcat 而言，我建议首先使用 Hashcat，然后再仔细研读一下如何让显卡的 GPU 驱动程序工作。更多信息可访问 http://hashcat.net/oclhashcat/。

如果在引起混乱的情况下就不要再使用 oclHashcat-plus，并且

认为它是过时的，就无法体会到 plus 版本所带来的好处。

9.6　Hashcat-Utils

Hashcat 套件中另一个值得提及的附加组件是一组被称为 Hashcat-utils 的实用工具。可以从 http://hashcat.net/wiki/doku.php?id=hashcat_utils 下载该工具集合。

这些工具中包括了 combinator，这是一个独立的程序，通过它可以运行完成联合攻击(combinatory attack)。更多信息可参考 https://hashcat.net/wiki/doku.php?id=combinator_attack。

还可以使用 cutb 工具对密码字典文件进行修剪，以便从密码字典文件中清理那些常见的、不需要的前置或附加的字符。

另一个工具 rli 与 Unix 类型的命令类似，可将一个文件与另一个或者多个文件进行比较，并删除重复文件。

深入研究一下这些使用工具是很值得的，可以更深入了解 Hashcat 的工作原理。

9.7　小结

在本章，我们学习了密码攻击背后的一些理论知识。讨论了字符集所包括的组合数量的重要性，密码长度的重要性以及相关组合对密钥空间的影响。最后，介绍了哈希和盐值，从而确保增加破解密码所用的时间。

要有效破解一个密码，需要花费多年的时间学习，其中涉及很多方面的领域。然而，功能强大的 Hashcat 可以帮助我们轻松完成学习过程。此外，可以从 http://hashcat.net/wiki/doku.php?id=frequently_asked_questions 上找到更详细的 FAQ。

现在，我们已经学习了攻击者用来破解密码所用的方法，以及用来增加破解难度的方法。接下来需要关注的是在你的计算机上是否发现了本章所讨论的任何工具的痕迹。随着学习的深入，也就有必要时刻提醒你负责任地使用所学到的技能。

第10章

SQL 注入攻击

目前，一种最流行的在线攻击类型被称为 SQL 注入，有时缩写为 SQLi。这些攻击包括了数据库代码(使用了 SQL(Structured Query Language，结构化查询语句))的插入，从而让攻击者可以从数据库中获取数据，或者重写现有的数据。

你可能会惊奇地发现，根据 OWASP(Open Web Application Security Project，开放式 Web 应用程序安全项目，一个促进软件安全的慈善组织)的统计，SQLi 是 2013 年对在线服务的头号威胁，https://www.owasp.org/index.php/Top_10_2013-Top_10 列举了目前最常见的威胁。

本章将主要介绍这些攻击所包含的内容，如何保护网站免遭这些攻击的威胁以及如何出于渗透测试的目的而发起这些攻击。

毫无疑问，这是一个非常广阔且繁杂的领域，需要掌握一定程度的背景知识，才可以完成更加复杂的攻击。然而，你可能会惊奇地发现，只需要运行少数的命令以及少量的数据库知识，就可以非常容易地使脆弱的在线服务瘫痪。基于上述原因，IT 专业人员必须意识到 SQL 注入所构成的风险，以及如何减轻该攻击所带来的影响。

10.1 历史

由于其简单性，SQLi 变得非常有效，并逐步成为令人生畏的攻击类型。

对于初级开发人员来说应该格外注意，因为当涉及安全问题时，系统管理员往往并不会直接对此类攻击事件负责。这是因为在大多数情况下，该攻击可能归因于那些对特殊字符进行不正确转义的代码。除了其简单性之外，另一个引起关注的原因是该攻击类型自1998 年就已经被报道了。1998 年 12 月出版的一期 Phrack Magazine 首次宣布了一个针对网站的全面漏洞。该漏洞随着时间推移不断显现，可以使用多款自动工具来扫描网络、查找网站并破坏或者窃取数据。

然而，该攻击类型并没有停止演变。随着钓鱼式攻击(phishing attacks)变得越来越流行(攻击者诱骗用户泄漏自己的信息)，狡猾的攻击者首先完全重建一个网站，然后通过注入必要的代码使访问者相信他们正在访问一个真实的网站。

多年来，针对那些比较精通技术的客户，我运行了一个小型的协同定位服务器 ISP。至少有三次，协同定位服务器客户(他们往往不太关注自己的服务器端脚本)遭到了钓鱼式攻击。从 2005 年起，在短短几年时间里，美国联邦调查局多次与我们取得了联系，告知客户服务器被黑客攻击了(一次是针对银行，而另一次则是针对白帽安全服务)。所以，即使在这样一个较小的机构中，在很短的时间内，钓鱼式攻击就克隆了一家流行拍卖网站以及两家银行的网站并投入使用。很显然，SQLi 攻击逐步在带有不良意图的人群之间流行开来。

作为对这种常见安全威胁的反应，系统管理员和开发人员引起了足够的注意并开始强化代码的安全性。我记得，在基于 PHP 的网站上，只需要使用用户输入组件对特殊字符进行转义，就可以避免SQLi 攻击。

10.2　基本的 SQLi

就像我前面所提到的那样，SQLi 背后的主要前提是非法地获取代码或者向数据库注入代码。

如果想要解决这些问题，可以通过服务器端语言使查询不再对外公开，但这样，就会导致网站较差的流畅性以及可用性。如果想要免遭 SQLi 的攻击，最好是可以确定所有的攻击途径都被隐藏了。最简单的方法是对所有来自访问者的输入进行过滤。换言之，只要用户可以在网站上输入数据，那么就需要在代码中采取相应的防御措施。其中包括在将用户数据发送到数据库之前将其分解为更友好的格式。

读者可以在平时查找一些关于如何确保代码安全的完整教程看一下。但接下来，将使用一种流行的编程语言快速地进修一下相关知识。开始之前，先介绍 SQLi 的简单工作方式。

我曾经说过，简单地丑化一个网站绝不仅是截断的 SQL 所能造成的唯一危害。请考虑以下的 SQL 语句：

```
sql-server> DROP TABLE special-offers;
```

只要知道表名，就可以从数据库中完全删除该表。除了破坏性的行为之外，还可以从数据库中提取用户名和密码。只要是带有犯罪意图，成功的 SQL 攻击毫无疑问是罪犯值得追求的奖赏。一些相当大的品牌也因为较差的编程代码和 SQLi 而沦为牺牲品。据报道，Yahoo、Adobe、LinkedIn 以及 Sony Music 都在长长的受害者名单中。当然，由于我并不是攻击者本人，也不是那些想要恢复被此类攻击影响的服务的工作人员，因此我只能猜测这些攻击中有多少包括了 SQLi。可以从 http://codecurmudgeon.com/wp/sqlinjection-hall-of-shame/ 找到 SQLi Hall of Shame。虽然该列表不一定完全准确，但我确信你会同意这是一次令人信服的阅读。

前面曾经提到过一种编程语言。我将使用目前世界上最流行的服务器端脚本语言PHP作为一个示例来快速演示SQLi的工作原理。除了被用在数百万网站上之外，功能强大的PHP还被用在世界上最流行的CMS(Content Management System，内容管理系统) WordPress上(https://wordpress.com)以及许多其他动态的网站应用程序，比如Joomla!(https://www.joomla.org)。简而言之，PHP遍布整个网络，只要发现了一个漏洞，就很容易成为攻击者下手的目标。

下面看另一个用PHP编写的示例：

```
$input = $variable[3];
$dbquery = "SELECT id, item, price FROM specialoffers
ORDER BY id
LIMIT 15 OFFSET $input;";
```

从第一行代码可以看到并没有对变量$input 进行过滤，这意味着当在第二行的SQL语句中使用该变量时，它可能潜在地包含了攻击者想要使用的任何代码。一旦运行了这些被注入的代码，就可能造成各种破坏。

下一个的示例是更新sysop用户的密码。例如，PHP代码中常见的SQL语句如下所示：

```
$dbquery = "UPDATE credentials SET passwd='$password'
WHERE
userid='$id';";
```

只要在上述语句中附加了SQL(比如or userid like '%sysop%')，SQL语句就变得不那么严谨了，此时会要求数据库快速搜索与sysop相似的所有其他特权用户名(比如sysops)，并更新他们的密码。

令人担忧的是，还可以执行包含在SQL中的Shell命令。某些数据库服务器允许使用这种方法访问操作系统命令。

10.3　在 PHP 中减轻 SQLi 的影响

如前所述，虽然该专业领域太庞大而无法详细讨论，但我还是会简要地介绍如何对 SQL 输入进行过滤，从而减轻 SQLi 攻击所带来的影响。可使用多种不同的 PHP 函数来帮助我们完成过滤。在撰写本书时，PHP 正在从当前版本 5.6.16 升级到版本 7.0.0(虽然现在的版本可能更高了)。

有一点需要注意，在旧版本中(5.3.0 以上)，通过在主 PHP 配置文件中使用 magic_quotes_gpc，可以过滤(或者转义)所有的输入数据。显然，这种做法是不建议使用的，因为这种方法所转义的字符对于应用程序来说并不一定安全。从本质上讲，虽然魔术引号(magic quotes)并不是出于安全目的而设计的，但却是出于安全目的而使用的。

如果想要保护第一个 SQL 示例中所使用的变量，可使用 stripslashes 函数对用户输入进行处理。该示例如下所示：

```
$input = $variable[3];
```

如果使用了 stripslashes 函数，则上面的示例变为：

```
$input = stripslashes($variable[3]);
```

正如你所猜测的那样，使用该函数意味着删除反斜杠，从而有助于防止不受欢迎输入的打扰。还可以使用 trim 函数删除变量中的空白，以及 strip_tags 删除 HTML 以及其他标记标签(使用的方式与前面相同)。此外，还可以将这些函数组合起来使用，如下所示：

```
$input = stripslashes((trim($input));
```

到了 PHP 5.5.0 版本之后，可以使用 mysql_real_escape_string 函数清理单个字符，如下所示：

```
$input = mysql_real_escape_string($input);
```

然而，7.0.0 以及以上版本之后，通常使用一个改进的驱动程序 MySQLi(表示 MySQL improved)来对付 SQLi。由于功能方面的增强，因此可以使用一种更高级的方法将不需要的以及存在潜在危险的字符从代码中剔除出去。使用 mysqli 的示例看上去与前面的示例相类似：

```
$input= mysqli_real_escape_string($input);
```

通过使用 MySQLi，可采用一种不同的方法连接到数据库，如下所示：

```
$mysqli = new mysqli("localhost", "userid", "passwd",
"DB_name");
```

减轻 SQLi 攻击所造成影响的另一种方法是使用预处理语句。这种安全措施背后的主要想法是数据库引擎以完全独立于任何参数的方式处理 SQL。从理论上讲，这意味着攻击者根本无法向查询注入代码。下面显示了一个示例：

```
$input = $mysqli->prepare("INSERT INTO table_name
(column_name)
VALUES (?)");
$input->bind_param("s", $actual_user_input);
$input->execute();
$input->close();
```

这种新的首选方法使用了新库对参数进行过滤。请注意，在以前，变量值中的问号通常是不需要的。包含 execute 的行将之前所有参数汇集在一起。但此函数只读取一次，所以如果在多个页面上多次运行该函数，那么 PHP 引擎将不会工作。

在早期的 PHP 版本中，还有一种方法可以使用，即使用 PDO (PHP Data Objects，PHP 数据对象)。可从 http://stackoverflow.com/questions/60174/how-can-i-prevent-sql-injection- in-php 了解更多相关

的内容。

虽然关于最好的方法是哪种目前还存在争议，但 PDO 似乎是非常流行的。PDO 的一个示例如下所示：

```
$input = $pdo->prepare('SELECT * FROM
special_offers_table WHERE
offer = :specialoffer');
$input->execute(array('name' => $specialoffer));
```

通过访问 http://whateverthing.com/blog/2014/08/28/the-heart-of-darkness/，可以了解关于 PDO 一些非常重要的信息。如果你正在犹豫应该选择 PHP 哪个版本(7.0.0 及以上版本)的相关方法来应付 SQLi 威胁，那么上述信息是很有阅读价值的。

10.4　利用 SQL 漏洞

到目前为止，我们已经了解了一些保护系统免遭 SQLi 攻击的不同方法，接下来学习一下黑客是如何对在线服务进行攻击的。虽然可用的工具有很多，但我将着重介绍 sqlmap(http://sqlmap.org)，该工具是在黑客、法医科学家以及渗透测试者中被广泛使用，并且是开源的。使用这种高度复杂的工具可能会造成混乱，所以如果是在自己的服务器上测试该工具，请确保完全了解由此可能造成的危害(如果是属于他人的服务器，则不用担心)。为确保安全，我强烈推荐使用一台开发服务器或者沙盒虚拟机。

sqlmap 广泛的兼容性能够引起大多数系统管理员的关注。根据其网站报道，sqlmap 支持以下数据库服务器：MySQL、Oracle、PostgreSQL、Microsoft SQL Server、Microsoft Access、IBM DB2、SQLite、Firebird、Sybase、SAP MaxDB 以及 HSQLDB。

接下来让我们看一下如何安装 sqlmap。该工具通常与某些基于安全的发行版本相绑定的，比如 Kali Linux，但如果该工具不在你的包管理器存储库中，则可以使用其他方法来安装。

通过 Git 的 clone 命令，可使用 GitHub 的 sqlmap 存储库：

```
# git clone https://github.com/sqlmapproject/sqlmap.git
sqlmap-dev
```

此外，可从 https://github.com/sqlmapproject/sqlmap/zipball/master 获取一个 Zip 文件。

还可从 https://github.com/sqlmapproject/sqlmap/tarball/master 下载一个压缩包。

一旦完成了相关的安装指令，就应该可以进入下一个阶段，并使用下面所示的命令(在运行了前面的 Git 命令之后，下面的命令是所有操作的开始)：

```
# cd sqlmap-dev
# python ./sqlmap.py -h
```

该命令将提供一个选项列表。

10.5 发动一次攻击

现在介绍 sqlmap 的核心功能，即攻击远程计算机。

然而，需要提醒一下的是，测试 sqlmap 功能所耗费的时间可能包括对自己的测试服务器进行设置从而使其易受攻击，或者合法地识别那些易受攻击的网站。你可能会惊奇地发现 Google 可以容易地识别那些易遭受攻击的网站(这得益于 URL 的组成方式)。不言而喻，我并不提倡对那些通过使用 Google 或者其他任何方法所发现的网站进行攻击。然而，为发现潜在可利用的 URL，可以输入一个诸如 inurl:website.php?id=或 inurl:product.php?id=的查询。第一个搜索词将返回令人担忧的 170 万个结果。

那些通过 Google 暴露自己弱点的网站以及其他在线资源有一

个共同的绰号 Googledorks。网站 www.hackersforcharity.org/ghdb/列举了部分此类网站和在线资源，值得大家看一下。该列表包括了一些潜在的秘密登录页面、敏感的目录以及包含用户名的文件。请负责任地使用这些信息。

顺便说一下，可以通过 Python 运行 sqlmap，这意味着需要在计算机上安装该语言类型的实现。

在图 10.1 中，可以看出开发人员热衷于拉开自己与非法活动之间的距离。此类功能强大的工具往往会被滥用。

下面看一个示例，使用 sqlmap 命令所需的语法非常简单：

```
# python sqlmap.py -u
http://www.a-vulnerable-website.com/product
.php?id=1111
```

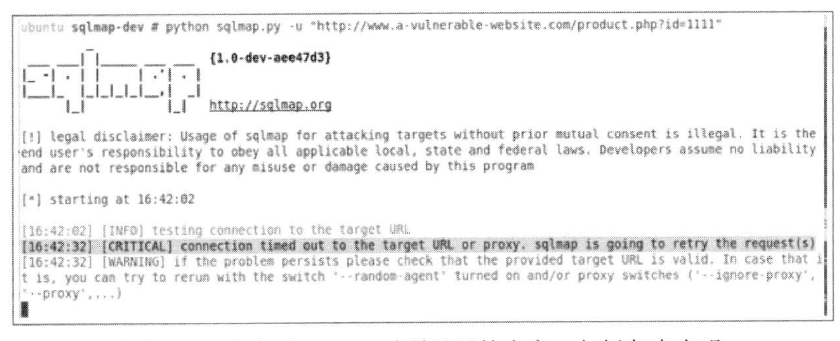

图 10.1　当启动 sqlmap 时所显示的内容，包括免责声明

如果你正在使用的连接非常缓慢，或者从远程数据库服务器得到响应的速度非常缓慢，那么可以尝试在命令中附加——time –sec 10，从而引入更现实的超时设置。虽然有点有悖常理，但它确实可以加快整个过程。

现在，让我们系统地学习一些简单命令。一旦熟悉了 sqlmap 的使用，就可以选择性地将这些命令链接起来使用。

我的 sqlmap 示例命令包括了-u 选项，意味着声明了一个 URL。该命令通过使用许多的 SQL 注入测试对后面的参数(id=1111)的安全漏洞进行检查。通过这些测试，sqlmap 往往可以检测到 Web 服务器的供应商以及版本，远程操作系统以及所使用数据库服务器的版本。

如果想要知道网站所使用的数据库的名称，又该怎么做呢？可以通过添加--dbs 选项完成该功能，如下所示：

```
# python sqlmap.py -u
"http://www.a-vulnerable-website.com/product
.php?id=1111" --dbs
```

获取到有用的信息之后，下一步就是发现所使用的表名。为此，可使用下面所示的命令，用实际数据库名替换<database-name>项：

```
# python sqlmap.py -u
"http://www.a-vulnerable-website.com/product
.php?id=1111" --tables -D <database-name>
```

下一步是获取所感兴趣数据表中的列。该命令也非常简单，同样使用实际的数据库名替换<database-name>项，用表名替换<table-name>，如下所示：

```
# python sqlmap.py -u
"http://www.a-vulnerable-website.com/product
.php?id=1111" --columns -D <database-name> -T
<table-name>
```

该过程的最后一步是从目标数据库中获取所有的相关数据。其中包括用户名和密码、个人客户信息或者在线商城的产品信息。如果攻击的是一个远程网站，那么所获取信息的价值取决于所连接的网站。如果想要转储数据库数据，可以使用--dump 选项，如下所示：

```
# python sqlmap.py -u
"http://www.a-vulnerable-website.com/product.
php?id=1111" --dump --columns -D <database-name> -T
<table-name>
```

如果只想破坏某些特定的列，那么可以直接进行指定。一旦知道了列名，就可以使用一个选项将相关列列出来，比如-C columnX, columnY(使用逗号分隔)。请删除上面示例中所包括的--columns选项。

最终的命令可能产生如下所示的输出：

```
+------+-------------- +----------+--------+---------- +-------------+
| id   | title         | color    | price   |  category |received-date |
+------+-------------- +----------+--------+---------- +-------------+
| 1111 | bars of soap  | green    | 1.22    | toiletries | 11.11.22    |
+------+-------------- +----------+--------+---------- +-------------+
```

如果你是一名开发人员或者系统管理员，并且不关心快速的数据库转储，那么你将处于危险之中。请记住，通过使用 Google，可以非常容易地获取潜在目标的列表，并且只需要使用少量的命令就可以窃取潜在有价值的商业数据。除了窃取数据之外，还可以使用 sqlmap 相对容易地重写现有数据以及丑化在线服务，从而损害商业品牌及其声誉。

功能强大且复杂的 sqlmap 工具提供了一个相当长的选项列表，因此无法详细一一介绍。我建议访问 GitHub 页面，获取关于使用 sqlmap 的更多详细信息：https://github.com/sqlmapproject/sqlmap/wiki/Usage。

10.6 合法尝试 SQLi

目前，有许多的网站允许用户运行扫描，从而确定是否正确地配置了渗透测试工具。如果你想要对自己新学的 SQLi 技能进行测试，可以尝试访问一个被称为 Web Scan Test 的网站。通过其子目录 www.webscantest.com/datastore 可以实现 SQL 注入。然而，在操作之前，需要阅读该网站的相关条款，从而确定自己没有触犯法律。

Codebashing 网站中另一个有趣的内容可能是一个在线演示。该互动网站被描述为“针对程序员的应用程序完全培训”。在线演示说明了一个道理，特殊字符可以极大地影响登录过程，同时还演示了当更改输入时底层数据库服务器所做的反应。可从 www.codebashing.com/sql_demo 找到该演示。

10.7 小结

在本章，首先学习了 SQL 注入背后的基础知识，并简要讲述了 SQL 攻击的历史。然后向 PHP(包括了旧版本以及较新的 PHP 版本，尤其是 7.0.0 以后的版本)开发人员介绍了如何防止与 MySQL 相关的 SQLi 攻击。

理解 SQL 攻击为什么如此常见是很容易的——事实上，在某些领域，SQL 攻击被认为是最流行的攻击类型。通过使用相对简单的 sqlmap 命令，就可以破坏某一网站的安全，并查询和窃取其有价值的数据，甚至可以进一步损坏其声誉。

对于那些负责防御此类攻击的技术人员来说，意识到这些攻击是多么简单并了解看似简单错误所造成的影响是非常重要的。这些简单的错误可能会使那些花费大量精力和资源所构建起来的网站对具有破坏性的攻击开放，而这些攻击所造成的影响则需要耗费大量精力来消除。再次强调一下，请负责任地使用这些技能。相对于使用这些技术攻击属于他人的基础设施，学会如何正确地保护自己的基础设施可能更有意义。